老龄化视野下的城市公共空间包容性研究

Research on Urban Public Space Inclusiveness from the Perspective of Aging

王宇光　著

西安电子科技大学出版社

内 容 简 介

人口老龄化是我国在社会发展中面临的一大严峻挑战。城市公共空间对老年群体的包容性是构建和谐老龄化社会的重要议题。本书以空间行为和需求为切入点，通过建构"城市公共空间需求差序"的概念框架，以整体性、科学性的方法对城市公共空间中老年群体与其他年龄群体的包容性关系及程度展开研究。概念框架指出了城市公共空间使用者"需求差序"的层级性、差异性、矛盾性和同一性四种属性，以及观察其属性特征的时间、空间、功能、环境和人际五个维度。在概念框架下，本书对西安典型性老年住宅区及其周边城市公共空间展开了覆盖全年龄层使用者的整体性调查，并在调查与对比分析的基础上提出了包容性城市公共空间的六大设计原则及弹性分级逻辑下的设计内容决策方法。

本书可供城市空间规划及设计领域的相关从业者、公共空间环境行为领域的研究者以及高等院校相关专业师生等参考阅读。

图书在版编目(CIP)数据

老龄化视野下的城市公共空间包容性研究 / 王宇光著. -- 西安 ： 西安电子科技大学出版社, 2025. 6. -- ISBN 978-7-5606-7539-8

Ⅰ. TU984.2

中国国家版本馆 CIP 数据核字第 20258DR102 号

策 划	薛英英
责任编辑	薛英英

出版发行　西安电子科技大学出版社(西安市太白南路 2 号)

电　　话　(029)88202421　88201467　　邮　编　710071

网　　址　www.xduph.com　　　　　电子邮箱　xdupfxb001@163.com

经　　销　新华书店

印刷单位　陕西天意印务有限责任公司

版　　次　2025 年 6 月第 1 版　　2025 年 6 月第 1 次印刷

开　　本　787 毫米×960 毫米　1/16　　印　张　14

字　　数　239 千字

定　　价　40.00 元

ISBN 978-7-5606-7539-8

XDUP 7840001-1

前　言

　　中国社会快速老龄化，城市公共空间建成环境对老年使用者包容性不足的问题日益突显，社会整体存在着对老年群体使用需求的忽视以及对包括老年群体在内的多元化群体间需求差异的忽视，而城市公共空间所具有的公共属性更是强化了提升空间包容性的难度。多元使用者的需求差异及差异程度作为既有研究的薄弱环节，是导致包容性由理念转向实践过程中依据与标准缺失的关键问题，也是厘清城市公共空间中老年群体与整体使用者关系的关键切入点。这也正是场地尺度下提升城市公共空间对老年群体包容性的重要突破口。

　　本书旨在以城市公共空间使用者的需求异同为切入点，对空间内老年群体与其他年龄群体包容性展开研究，并以此为基础探寻老龄化视野下的城市公共空间包容性提升途径。

　　第一章介绍了本书的研究背景、目的、意义与研究内容和方法，并对当下的研究现状进行了评述，指出了本书研究的关键性与必要性。

　　第二章界定、厘清了"老龄化""包容性"和"城市公共空间"这三个核心关键词的概念，并介绍了书中所涉及的相关基础理论及其在书中起到的指导意义。

　　第三章至第五章首先以需要层次理论及其在城市公共空间中的实际现象为依据提出了"城市公共空间需求差序"这一概念，指出了使用者需求差序的层级性、差异性、矛盾性和同一性四种属性，以及观察其属性特征的时间、空间、功能、环境和人际五个维度。其次，在所建构概念框架下，以西安典型性老年住宅区及其周边城市公共空间为研究范围，以年龄层分类为标准，对包括老年群体在内的各年龄层群体的需求差序特征展开了实证调查，并运用层次分析、集合度量等方法，从老年群体视角对老年群体与其他各年龄群体的需求差异程度及包容性程度进行了量化分析。通过对比分析可知，在城市公共空间中，老年群体与其他各年龄群体间的包容性程度存在差异。

第六章基于实证调查与对比分析的结果，结合"需求差序"的四种属性，以实现城市公共空间包容性与效率性统一为目标，提出了基于弹性分级逻辑的设计内容决策方法，以及老年基础需求底线原则、场地适老性程度分级原则、场地使用者最优兼容原则、同一性需求优先原则、差异性需求弹性化原则和默契机制有效利用原则这六大包容性城市公共空间设计原则。

第七章整体性梳理、总结了本书的研究结论、创新点与研究不足。

在本书的编写过程中，笔者参阅了国内外许多相关书籍和文献资料，并得到了老师、同学、亲朋等的帮助，在此一并表示诚挚的感谢。

著者

2024 年 8 月

目 录
CONTENTS

第一章 绪 论

1.1 研究背景

1.1.1 稀缺的公共空间资源与增长的老年人口

自 20 世纪 80 年代初开始，中国城市化进程开始加速，随着中国经济的快速增长，大量人口由农村进入城市。据联合国报告，2014 年至 2050 年世界城市人口增长的主要来源地之一便是中国。截至 2021 年中国城镇人口比重已经由 1982 年的 20.91%增长为 63.89%，中国城镇常住人口已达到 8.3 亿人，城市已经成为国人居住生活的主要空间。急速增长的城市人口对城市公共空间的"质"和"量"都提出了更高的要求。虽然中国城市的建设规模在不断扩张，但是在城市建设发展过程中，由于城市公共空间布局的不合理、功能与需求的错位等一系列原因，城市公共空间资源依然稀缺。以对西安城市公园绿地的量化研究为例，研究显示：城区内有四分之一住区的人均公园绿地低于 7 平方米；将近一半的住区没有选择其他公园的机会；近三分之二的住区人口无法享有两类公园。在现实生活中，高密度城区的居民往往通过提升自身对环境的适应性、与他人共享等办法来消解空间资源稀缺与其活动需求的矛盾，"人行道上的广场舞""立交桥下的太极拳"便是城市公共空间资源的稀缺性在居民实际生活中的印证(如图 1.1 和图 1.2 所示)。

图 1.1　立交桥下活动的中老年人

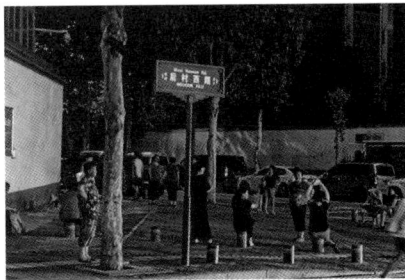

图 1.2　人行道边活动的中老年人

伴随着高速的城市化进程，中国城市公共空间的发展建设曾一度处于过度追求效率的"摊大饼"模式中，在一味追求增量的发展阶段中，空间设计的缺陷让本就稀缺的城市公共空间资源未能发挥出其最大利用率，甚至无形中激化了不同使用者之间的矛盾。

中国城市面临着来自快速城市化的影响，中国城市人口结构也在发生着深刻变革。2000 年中国已经正式进入老龄化社会，2020 年第七次全国人口普查的统计数据显示，我国 65 岁以上老年人口已占全国总人口的 13.5%，有研究更是预测 2050 年我国将迎来老龄化人口的高峰期，届时老年人口将占总人口数的 23%。

中国人口老龄化具有发展程度高、速度快、老年人口规模大等主要特征。老年人口比重的增加使城市公共空间服务对象的侧重点发生了偏移。城市公共空间是承载居民活动的重要物质空间，未来的城市公共空间建设应当敏感地捕捉到以老年人为主导的弱势群体的真实需求。

面对城市人口老龄化和城市公共空间资源稀缺的双重困难，未来的城市公共空间建设应当思考如何在保障以老年群体为代表的弱势群体需求的前提下，尽可能满足其他使用者的差异性需求，进而提升空间场地的使用效率，促进社会公平、和谐发展。

1.1.2　老龄化背景下的城市公共空间包容性不足

人口老龄化给城市均衡发展带来了新的挑战，"如何满足以老年群体为代表的弱势群体的需求，让其更便捷地参与到社会活动中，缓解社会发展的不均衡"已经成为全球城市发展面临的共同问题。联合国人居署于 2000 年正式提出了"包容性城市"这一概念，旨在"让城市中的每一个人，不论财富、性别、年龄、种族和宗教信仰，均得以利用城市所能提供的机会参与生产性活动"。随后，联合国人居署于 2010 年 3 月在世界城市论坛上正式发布了《世界城市状况报告 2010—2011：促进城市平等》，报告指出了城市生活环境的脆弱性、超负荷的城市基础设施、低水平健康保障等一系列问题，并倡导通过建设包容性城市促进城市经济的均衡发展。2016 年 10 月举行的"第三届联合国住房和城市可持续发展大会"上通过了《新城市议程》，该议程将包容性城市列为城市发展的三大目标之一，并认为城市发展的首要目标，即提高社会凝聚力与包容性，城市发展建设应当消除在空间层面与群体层面的隔离，致力于实践城市中的机会均等、参与共享、分配公正，让城市中的各个群体都有机会参与城市建设并分享城市发展带来的便利。

　　我国城市发展模式转型已经在全国范围内达成共识,"增量转存量""城市双修"等发展理念也都要求城市公共空间建设不仅要考虑"有没有",更要注重"好不好"。自改革开放以来,伴随高速的经济增长,我国城市建设曾一度处于过度追求增量的历史阶段,而忽略了空间质量与使用者的真实需求,导致老龄化背景下的城市公共空间包容性不足。这种不足主要体现在两个方面:

　　(1) 对老年群体需求的忽视。

　　老年群体作为弱势群体的重要组成,其庞大的规模和急剧的增长速度,使得满足老年群体的需求成为当下中国城市发展迫切需要面对的问题。生理的衰老具有普遍性,因此重视老年群体对城市公共空间的需求将成为中国城市满足各类弱势群体需求的开端与基础。为此我国制定了诸如《老年人权益保障法》《残疾人保障法》《城市道路和建筑物无障碍设计规范》等一系列相关的法规,其目的在于增强社会对弱势群体的包容性。但处于社会转型期的中国城市公共空间的现状并没有很好地体现出其在物质空间层面对弱势群体的包容性。在以往追求空间增量的城市发展阶段,城市公共空间的建设已经埋下了隐患。其根源在于弱势群体对城市公共空间的精细化需求与高速的城市建设发展之间存在着难以避免的矛盾。例如为提高通勤效率设置的宽大车道给空间可达性带来了负面影响(如图 1.3 和图 1.4 所示),过度注重城市形象导致装饰主义对真实功能需求造成了侵蚀,高效快速的空间设计模式忽略了弱势群体的差异化需求等,都是这种矛盾的体现。与弱势群体相关的空间设计内容更多的只是为满足建设指标的形式主义设计。显然,在以往的城市发展过程中,在"弱势群体需求"与"高效的城市发展建设需求"两者的博弈中,前者成了被忽视、被牺牲的一方。

图 1.3　路边老年轮椅使用者

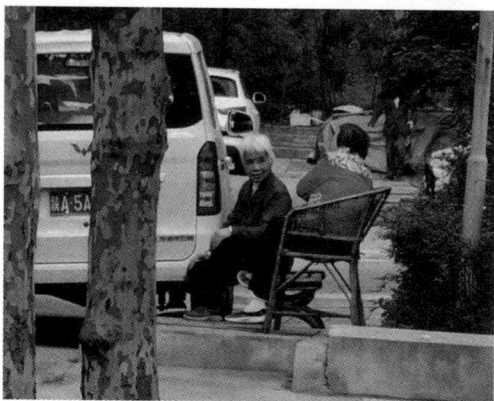

图 1.4　路边休息的老年人

(2) 对多元化群体间需求差异的忽视。

在人类行为与社会环境关系的研究中,将人类的一生大致分为胎儿、婴儿、幼儿、儿童、青少年、成年和老年七个阶段。处于不同阶段的个体由于其生理机能、心理需求与社会角色的不同,对城市公共空间的使用需求也有所差异。人类生理机能在 20 岁到达最佳状态后便会进入持续性衰退阶段,人类身体的各个器官及系统逐渐衰老,感觉系统逐渐迟缓,神经系统衰退并导致反应能力下降,骨骼、肌肉和各类器官系统衰弱导致储备能力减弱,这些生理上的变化在老年阶段尤为突出,进而使老年人产生了特殊的心理变化,出现了不同程度的孤独感、失落感、自卑感和抑郁感。生理与心理上的变化使得老年群体对城市公共空间有着特殊的需求。

同时,老年群体与其他年龄群体的差异性需求还存在潜在矛盾。在场地活动内容方面,老年群体需要更多的是和缓的康体类项目,年轻人则多偏好刺激性的竞技运动,但激烈类型的运动一定程度上会在人身安全与心理感受方面给老年人带来负面影响;在审美需求方面,由于视力的衰退,高对比度、显眼的设计方式更利于老年人接收环境信息,但同时也限制了其他群体多样化的审美需求。诸如此类的需求矛盾不胜枚举。可以说,需求的差异性是空间共享过程中引发矛盾的重要原因。然而,当下的城市公共空间环境设计对此类问题并没有足够的重视。

1.1.3　需求差异性给城市公共空间包容性提升带来的挑战

为应对日益增长的城市老年人口带来的一系列社会问题,2002 年第二届老龄问题世界大会于马德里召开。大会提倡建设"不分年龄、人人共享的社会",

并要求"促进代际之间的和衷共济",大会所倡导的城市发展理念与包容性城市和包容性设计的相关理念契合。包容性设计即每个人不论年龄、能力状况如何,都可以被吸引和使用产品与环境的一种设计方法;或者指通过与使用者共同努力来消除社会、技术、政治和经济发展过程中所产生的障碍的一种基础建设和设计的方法。其核心价值在于强调平等性与多样性,承认使用者的需求差异性,尽可能地满足各类群体的使用需求,以包容的态度和理念去指导设计,缓解社会矛盾。

城市公共空间的"公共性"特质也正需要体现其对社会公平正义的追求、对差异化群体的兼容。然而,深入到真正的城市公共空间的设计和建设过程中就会发现,使用者的差异化需求给城市公共空间的包容性建设带来了难度相当大的挑战。空间的"公共性"意味着其服务对象不是单独的个体,不同使用者都拥有使用场地的权利,但在时间与空间的限制下,众多的使用群体不得不经常共享同一区域的公共空间资源。理想的场所应当能够很好地满足使用者需求,体现场地对个体需求的适应性。但由于使用者需求具有差异性,满足所有人的需求就成了一种理想状态,一味追求"大而无外"的理想状态将导致空间服务对象模糊、场地属性不明确、场地特征平庸化,更严重者甚至难以让任何一类使用者满意。可以说,包容性的城市公共空间与使用者需求的差异性存在一定程度上的天然矛盾,而"公共"属性更是凸显了这一矛盾。

英国学者伊丽莎白·伯顿和琳内·米切尔在《包容性的城市设计——生活街道》一书的结尾部分就指出了 I'DGO 项目在制定"生活街道"策略过程中发现,个体差异会使每个人对街道环境的需求存在差异,"生活街道"只能尽可能地满足大多数人的共性需求,包容性设计对于完全满足个性化需求仍然存在局限性。并且,不同使用者之间的潜在矛盾也为"生活街道"的包容性策略带来了难题,不同群体的需求特征与需求矛盾这一课题还有待进一步的调查研究。中国学者董华在《包容性设计——中国档案》一书中也指出了包容性设计相关研究有待解决的一系列问题:通用设计与包容性设计理念由于脱胎于面向公共领域的设计民主运动,其公共化属性倾向将所有人群都视为目标用户,因此也导致了设计在应用于更广泛的细分领域时不可避免地会遭遇障碍。纳入全体人群的设计可以被视为一种具有包容性的设计价值取向,但在具体实践中未必是所有情况的最佳选择。由于使用群体的能力与需求存在差异,所以使用者对产品、服务或者环境的需求并非存在必然共性,甚至可能存在直接的冲突与矛盾,当下的一些包容性设计研究者也常忽视这种差异性所带来的挑战。

查阅当下的城市公共空间包容性相关研究文献可以发现,现阶段提出的包容性设计原则或策略对缓解使用者需求差异所引发的矛盾冲突存在一定的局限性和研究不足。梳理现已提出的城市公共空间包容性设计相关原则或策略(如表1.1所示)可以发现当下研究的一些特征：

(1) 多以定性研究为主，缺少基于量化分析的包容性设计途径探索。

(2) 更侧重于对特定场所提出其包容性设计原则或策略，缺少系统观下对各类场地及多元使用者包容性的整体性研究。

(3) 相关原则或策略多为理念性的倡导，缺少指导实践的具体途径。

表1.1　包容性设计相关原则与策略(2006—2019)

标题与发表时间	包容性设计原则与策略
《包容性城市设计——生活街道》(2006)	① 熟悉性；② 易读性；③ 独特性；④ 可达性；⑤ 舒适性；⑥ 安全性
《包容性设计对老龄化社会公共空间营建的意义》(2012)	① 始终把"人"放在首位；② 多样性和差异性；③ 可选择性；④ 灵活性；⑤ 方便使用并使人们乐在其中
《健康增进需求下村落开放空间的包容性设计策略》(2016)	① 着眼于地缘特征的整体分析；② 着眼于公平性和长尾观策略；③ 着眼于精细式设计策略；④ 着眼于地缘特征的乡土文化存留策略
《既有城市公共空间的包容性更新改造研究》(2017)	① 以人为本；② 可达性；③ 公共资源合理分配与有效利用；④ 可持续发展
《包容性发展理念下的苏州新移民集宿区公共空间营造》(2017)	① (空间维度)丰富空间形态，提升空间层次，共享空间资源，体现社会公平；② (时间维度)强调空间历时性，实现活动循环更替；③ (社会维度)包容多元群体的开放共享型公共空间
《山地城市街道的包容性设计——针对老年人非正式使用的设计策略》(2017)	① 提高街道功能的多样性；② 增加檐下廊道及平台空间；③ 分布散、多层次的公共空间；④ 保持较低的活动成本；⑤ 提高街道的步行性；⑥ 注重街区小尺度空间的打造
《多维视角下城市公共空间弹性设计方法研究 》(2018)	① 城市维度下的开放性；② 场地维度下的包容性；③ 设施维度下的可变性
《包容性设计——面向全龄社区目标的公共空间更新策略》(2019)	① 公平性；② 灵活性；③ 可识别性；④ 可达性；⑤ 舒适性；⑥ 多样性；⑦ 连贯性；⑧ 安全性；⑨ 参与性

使用者的需求差异与场地包容性之间存在根源上的矛盾。能完美满足所有人需求的城市公共空间只是一种美好的愿景，而以需求共性为出发点的包容性设计势必会限制场地的包容性程度。也正是这个原因，导致了现有的相关设计原则和策略的局限性。研究者不得不通过对场地范围的界定、研究角度的界定或研究对象的界定去消解"矛盾"给包容性设计带来的挑战，这也正是目前的相关设计原则或策略多止步于理念倡导层面而难以指导具体实践的原因。

英国标准学会发布的设计管理系列标准 BS7000-6《设计管理系统：包含设计的管理指南》关于包容性设计的定义为："一种不需要适应或特别设计，而使主流产品和服务能为尽可能多的、不同能力的用户所使用的设计方法和过程"。查阅以往的相关研究可以发现，多数学者对城市公共空间包容性提出的相关原则或策略始终是围绕着"包容性"本身寻找解答，而包容性理念在转向实践应用的过程中面临的障碍其实更多体现在"为尽可能多的用户所使用"中关于"尽可能"的依据和标准，即缺少对同一时空间内不同使用者需求差异关系和差异程度的深入了解与量化分析。可以说，对不同人群对场地的需求差异与差异程度的获悉是提升城市公共空间包容性的关键突破口。

1.2 研究目的与意义

1.2.1 研究目的

本研究的最终目的在于提高城市公共空间的包容性，为建构包容性城市探寻物质空间设计层面上的有效方法。本研究试图通过对城市公共空间包容性的深入解读和认识，建构场地尺度上的城市公共空间包容性研究方法，以此指导具体设计实践并达到增强城市公共空间包容性的目的。本研究大致可以分为认知、解析和建构三个阶段，各阶段的研究目的具体如下：

(1) 以年龄层为分类依据，分析多元化群体在城市公共空间中的行为规律，为老龄化背景下的城市空间建设发展提供更具整体性的参考依据。

包容性的城市公共空间设计要求要对多元化群体的需求进行全面了解，本书以年龄层为分类依据，通过实证调研，以观察、访谈、问卷等方式，了解包括老年群体在内的全龄人群在城市公共空间中的行为规律及需求特征，并以此为基础解析不同年龄群体在建成环境影响下的空间使用需求与需求关系，为建设老龄化背景下的包容性城市公共空间提供多元化、可对比的实证依据。

(2) 对比分析老年群体与其他年龄群体间的需求异同，探寻基于使用需求异同及其程度的老龄化城市公共空间包容性提升途径。

包容性的城市公共空间旨在让不同年龄阶段、不同群体使用者和谐共享。而不同群体对同一空间的使用需求又存在差异性。这些差异性需求之间是否存在矛盾冲突，如何将其有机结合，都将成为建构包容性城市公共空间的关键问题。老年群体由于其特殊的生理与心理特征，对城市公共空间的安全性、功能定位和环境信息等的需求与其他年龄群体存在不同程度的差异。本书将依据需要层次理论、老年学相关理论、环境行为学相关理论等，对不同年龄层使用者的需求进行新的解读与认知，以可量化的方法对他们之间需求的异同进行比对分析，为城市公共空间的包容性提升寻找有效途径。

(3) 探索老龄化视野下的城市公共空间包容性设计原则与方法。

城市公共空间包容性研究与相关理论构建的最终目的在于能够有效指导实践。城市人口增加与人口老龄化对城市公共空间的建设提出了新的要求，营造具有包容性的城市公共空间不仅需要先进的指导理念，还需要提供让理念指导实践的有效途径。本书将依据实证研究的真实数据，掌握使用者的需求特征及其异同程度，并在此基础上探寻能够有效指导实践的相关设计原则及方法。

1.2.2　研究意义

年龄的增长与生理机能的衰老是人类不可避免的自然生长过程，作为个体的每一个人都将面临老化的问题。如何对待老年人是判断一个社会、一个国家文明程度的标准。如今，人口老龄化问题已经成为全世界在社会发展中所需要面临的共同问题。中国的老龄化问题具有速度快、规模大等特征，如何缓解人口老龄化问题对未来中国的建设与发展尤为重要。老龄化人口比重的增加导致人口结构的变革，这种变革对城市未来的建设发展方式提出了新的要求。接纳以老年人为代表的弱势群体，保护弱势群体权益，帮助其参与到正常的社会活动之中将有利于中国社会的和谐发展。而城市公共空间作为承载居民活动的重要场所，是直观反映社会对老年群体包容性的物质空间载体。建设具有包容性的城市公共空间对老龄化背景下的城市发展建设具有重要意义。

1. 现实意义

(1) 有助于让以老年人为代表的弱势群体保持积极、健康的社会生活状态。1956 年路易斯·芒福德发表了《为了老年人——融合而非隔离》一文。该文对养老模式展开了深入探讨，主张让老年人积极参与社会活动而非将老年人孤立隔离。城市公共空间作为老年人安度晚年的重要活动场所，应当承担起让老年人融入社会的责任，为老年人提供适宜的活动场地。西方学者通过社会生态模型(Social Ecological Model)论证了空间环境与活动、健康的关联性，并指出设计得当的公共空间环境对老年人的身心健康有积极的影响并且能够对老年人的日常活动起促进作用，能够诱发对身心健康有益的康体运动和休闲活动的产生，进而达到让老年人更健康、有尊严地安享晚年的目的。因此，提升城市公共空间的包容性，为老年人建造适宜的活动场所有助于老年人积极融入社会活动。

(2) 有助于提升社会公平性，促进社会和谐发展。

包容性设计在价值观上强调平等并尊重多样性，其目的不仅在于缓解弱势群体与物质空间环境之间的矛盾，还在于缓解不同使用者之间潜在的矛盾冲突。针对相对弱势的空间使用者，城市公共空间在设计过程中应向有助于保证使用公平性的设计倾斜。要确定倾斜的方式与程度，则不能将视野局限于老年群体这一单一类型人群，而应当充分了解与其存在关联性的其他使用群体及不同群体使用需求的相互关系。本书研究的意义之一在于以整体性、系统性的思维方式去认识各类使用者的物质环境需求及相互之间的关系，承认并认知使用者需求之间的差异性与多样性，并以此为依据，为城市公共空间的包容性建设寻找路径，促进社会公平性的提升及社会的和谐发展。

(3) 有助于促进城市公共空间资源共享，提高资源利用率。

自改革开放以来，中国城市的建设与发展一直处于高速状态，摩根士丹利发布的蓝皮书报告《中国城市化 2.0——超级都市圈》预测，2030 年中国的城市化率将提升至 75%，新增城市居民近 2.2 亿。快速的城市化过程与相对滞后的城市空间设计与建设现状让优质的城市公共空间显得更为稀缺。在场地设计过程中，设计师们关注的主要焦点依然是空间结构、空间功能、环境质量等方面，很难有机会将城市公共空间视为一种与城市经济发展、社会公平公正相关的空间资源。高密度城市的建设发展应当追求空间资源的最大化利用，因此，对具有"公共"性质的城市公共空间，应通过共享来达到提高空间使用率的目的。对城市公共空间包容性的研究有助于对不同的共享者产生更深入、更全面的认识，从而避免不合理的共享使用状态。通过对空间包容性发展的探索与建构达到空间和谐共享的目的，提升城市公共空间资源利用率。

2. 理论意义

(1) 完善老龄化背景下的城市公共空间发展理论。

当下老龄化背景下的城市公共空间多聚焦于可达性、环境适宜性、空间归属感、康复性景观等方面。无论是宏观尺度的空间规划布局还是微观尺度的场地设计，相关研究的核心多在于解决环境与老年群体之间的关系。老年群体是社会群体的组成部分，应当充分考虑其在整个社会系统中的位置，整体性地看待老年人与其他群体的关系。城市公共空间的"公共"属性也要求我们不能孤立地研究老年群体与物质环境之间的单纯关系。本书从微观的场地尺度出发，结合包容性设计的相关理论对城市公共空间展开研究，通过解析人与物质空间、人与人之间的关系，对老龄化背景下的城市公共空间包容性形成新的认识，进而达到完善其相关理论的目的。

(2) 推进包容性理念在城市公共空间领域的应用与发展。

随着对社会中弱势群体关注的持续加深，增强"适老"公共空间环境的"共享性"逐渐得到人们的重视。在此背景下，英国学者通过跨学科研究将缘起于工业设计领域的包容性设计理念引入城市公共空间环境的研究之中。我国城市人口基数庞大，城市密度相对较高，公共资源的共享状态相比发达国家更为复杂。因此，如何缓解需求差异性与空间包容性之间的矛盾对老龄化背景下的中国城市公共空间建设显得尤为重要。本书将以量化分析的方式解析不同群体的需求特征与其需求间的关系，进而探索一条能够有效指导具体实践的途径，推进包容性理念在城市公共空间领域的应用与发展。

1.3　研究内容与方法

1.3.1　研究内容

在明确研究目的的基础上，本书的研究过程按照认识问题、分析问题与解决问题的逻辑展开，对应这三个阶段的研究内容具体包括以下四点。

1. 对使用者行为与空间需求的研究

建成环境下的城市公共空间现状与使用者真实需求的差异是客观存在的，充分了解使用者对城市公共空间的使用需求是提升空间包容性的前提条件。城市公共空间是具有公共属性的社会活动场所，其使用者类型具有多样性，且不同个体的需求也存在不同程度的差异。面对复杂的公共空间使用需求，本研究将通过观察、问卷、访谈等方式对西安典型性老年住宅区及周边范围的各类城市公共空间以周期性的单位时间进行实证研究。一方面，通过对建成环境影响下的空间行为进行翔实的观察与记录，总结并分析行为规律所反映的需求特征。另一方面，通过对调研区域范围内使用者的问卷调查与访谈了解使用者主观需求与现实的差异。本研究结合主、客观两方面的需求实证分析，以年龄层为类型依据对不同使用者对于城市公共空间的需求进行探索，为课题研究奠定实证认知问题的第一步基础。

2. 基于不同使用者对城市公共空间需求异同及异同程度的包容性研究

马斯洛认为人类需求是存在层次关系的，且按照生理需求、安全需求、社交需求、尊重需求和自我实现需求从低向高排序，人类需求会根据外部环境的适宜程度产生变化。同理，居民对城市公共空间的使用需求也存在这种层级关系，可以将其理解为需要层次理论在具体环境下的一种体现。但由于使用者年龄、生活环境、教育背景等因素的影响，其对空间的具体需求层级又存在差异性。本研究通过对实证数据的整理分析，利用使用者对城市公共空间需求的层级特征对不同群体的需求特征及其异同进行新的认知与解读，并在此基础上了解老年群体与其他年龄群体在空间使用过程中的兼容与排斥关系。

3. 对城市公共空间包容性提升途径的探析

能够满足全体使用者需求是包容性城市公共空间的理想状态，但这种理想状态在现实情况下常不具备可行性，承认使用者需求的差异性与潜在冲突，是提出有效包容性提升途径的前提。本研究以老年人群为主视角，从时间、空间、功能、环境和人际五个维度，通过对不同使用群体的需求层级的掌握与比对分析，以定量化的方式归纳出使用者之间的需求异同与异同程度，进而提出能够有效指导实践的包容性提升途径。

4. 对包容性城市公共空间设计原则及方法的研究

基于以上研究内容，本研究将以老年群体视角为出发点，以场地环境偏好、活动功能需求、环境设施要素需求等方面为着手点，提出老龄化视野下的包容性城市公共空间设计原则及设计内容的决策方法。

1.3.2　研究方法

城市公共空间包容性受到了社会经济、人口结构、生活方式等诸多因素的影响，本书结合老年社会学、环境行为学等相关学科，从场地尺度出发，以定性、定量相结合的方式对当下城市公共空间包容性展开研究，具体如表 1.2所示。

表 1.2 本书研究方法

研究方法	研究对象	探讨内容	工作目标	协助工具
文献回顾法	老年社会学相关理论	社会学对老龄化城市公共空间包容性设计的指导意义	通过对相关文献的回顾，明确指导本研究的支撑理论、研究方法与目标方向	国内外相关专著、期刊、学位论文与网络资料
	环境行为学理论	物质环境与使用者关系的重要意义		
	需求层次理论	空间需求规律的认识		
	包容性设计理论	包容性城市公共空间设计的指导方法		
	包容性城市公共空间相关研究	包容性城市公共空间研究现状与实践发展		
问卷法	调研区域范围内的城市公共空间使用者	使用者对城市公共空间功能、区位、环境设施、人际等方面的需求意愿	以问卷方式了解使用者需求，总结分析其特征和与现状差异	发放问卷
访谈法	调研区域范围内的老年人群、社区工作者、其他年龄层人群代表	区域内城市公共空间建设现状、使用现状以及需求与现状差异	以访谈方式了解使用者需求，总结分析其特征和与现状差异	录音资料笔录资料
实地调查法	西安典型性老年住宅及周边城市公共空间	建成环境下的使用者行为特征与规律	通过实地观察使用者行为，总结分析其规律及需求特征	影像资料调研笔记
层次分析法	实证研究所得数据资料	分析各年龄层群体对调研范围内的城市公共空间使用需求异同	利用层次分析法，以量化形式对比各年龄层空间需求异同，探索空间包容性途径	Yaahp 软件

1. 理论研究与实证研究相结合的研究方法

老龄化问题是世界城市发展面临的共同问题，西方发达国家比中国更早进入老龄化社会，相关研究成果相对丰富。中国对老龄化社会的研究开始于 20 世纪 80 年代，时至今日也积累了一定的研究成果。城市公共空间作为老龄化人口的重要活动场所，其相关研究也逐步受到重视，虽然对城市公共空间包容性问题的研究在深度与广度上依然存在不足，但之前对于老龄化社会和城市公共空间的相关研究仍然有着重要的借鉴价值。因此，本研究利用文献回顾法，将数据库、书籍、期刊、网络的相关研究进行了查阅与梳理。一方面，通过对老龄化社会相关研究的总结分析，为城市公共空间的包容性提供相关理论依据并明确宏观社会层面的价值方向。另一方面，通过总结分析包容性设计的相关理论与具体实践，了解当下理论与实践前沿，明确包容性于城市公共空间的价值意义与所面临的挑战，为本研究寻找理论切入点。

2. 定性分析与定量分析相结合的研究方法

城市公共空间包容性研究本质上是对人与物质空间关系的研究。一方面，人的行为受到物质空间的影响，存在着一定程度的规律。另一方面，由于个体在年龄、文化、经济背景等方面的不同，对物质空间的需求存在着主观差异性。为了保障研究的可信度与准确性，本研究通过问卷、访谈等形式了解使用者对空间的主观需求，并结合实地调查总结分析建成环境下的使用者的行为规律，以定性、定量相结合的方式了解使用者对城市公共空间的客观需求。

3. 多学科交叉的研究方法

老龄化问题是由人口结构变化而引发的社会问题，而城市公共空间作为承载老年人活动的场所，是体现城市对老年人包容性的直接"舞台"，城市资源、社会价值观、生活方式等诸多方面都对其有着重要影响，问题本身的复杂性使得我们无法通过单一学科去解决问题。本书通过多学科交叉的研究方法，结合社会学、生理学、心理学、行为学等多学科领域的知识对问题展开研究，一方面旨在通过更多的角度来认知老年群体及其他年龄群体对空间的真实需求、各群体之间的需求差异与潜在矛盾；另一方面旨在通过多学科领域的学习研究为建构老龄化视野下的城市公共空间包容性途径提供全面、多元化的支撑。

1.4 研 究 现 状

1.4.1 老龄化背景下的城市公共空间相关研究

1. 国外相关研究

老龄化问题是社会人口结构变化引发的社会问题，与国家所处的发展阶段密切相关。西方国家借助其率先工业化的优势陆续进入了发达国家行列，居民生活水平的提高延缓了人口的平均死亡年龄，老年人口的增长导致人口结构呈倒三角的不平衡状态。法国于 1865 年成为全球第一个进入老龄化社会的国家，随后瑞典、挪威、英国等西方国家也相继步入老龄化社会，人口老龄化问题也由此成了世界各国共同关注的社会问题。国际社会最早对老龄化问题的关注可以追溯到 20 世纪中期，以雷蒙·珀尔于 1940 年发表的《人口的老龄化》为标志，由此也掀开了社会经济、政治、文化、医疗等各个领域学者对这个问题的关注。学者们也逐步开始思考，作为承载居民活动的重要场所，城市公共空间应当如何适应人口的老龄化。

1985 年美国学者 D. Y. 卡斯坦斯著的《针对老年人的场地规划和设计：问题、导则和方法》一书，正式掀开了学者们对老年人活动空间的研究热潮。直至今日，全世界对该领域的研究仍在继续，而发达国家由于其率先进入老龄化社会，积累了相对丰富的经验，对老龄化背景下的城市公共空间也有着更为广泛与深入的研究。其研究内容主要可以归纳为以下三个方面：

(1) 公共空间与老年人活动的关联性。

老年人活动与城市公共空间关联性的研究主要集中在环境质量、环境设施和可达性三个方面。2010 年前后，大量西方学者通过对老年社区户外空间、城市公园、街道等场所的实证研究论证了户外环境对老年人活动的影响。

国外学者主要通过对老年人步行活动和体育休闲活动两个方面的观察来分析场地空间与活动的关联性。研究发现，良好的空间环境质量有助于激发老年人户外活动的水平，环境特征与老年人休闲体育活动的时长、频次紧密相关，高质量的空间环境不仅有助于邻里关系的发展，还对提升老年人生活幸福感有着积极作用。此外，场地的数量、面积对老年人的活动也有着同样重要的影响。国外学者通过对公园空间的研究发现，其场地面积与公园数量和当地老年人活动频率呈正相关关系。此外，西方学者还论证了场地可达性与老年人活动之间的关系。步行距离与老年人的活动频率直接相关，街道路网的合理设计与交通减速的相关策略可以有效促进居民在公园中的活动积极性。

(2) 公共空间环境与老年健康的关联性。

随着老年人生理机能的衰退，老年人健康成了老龄化社会的关注点，公共空间环境对老年人健康的积极作用受到了国外学者的重视。德国园艺家 Cay Loren 在 18 世纪末就指出花园应当临近医院，优美的景观有助于鼓舞病患。20 世纪 90 年代 Thomas 夫妇提出了"伊甸园模式"，对传统的养老院环境进行了改革。90 年代末应用于养老院、医院、老年社区的"康复花园"也成了相关学科研究的热门领域。西方学者通过对比研究发现，良好的自然环境不仅能够帮助人们缓和血压、促进皮肤和肌肉的导电性，而且能够有效缓解心理压力；在此基础上他们提出了植物、水等自然要素对人身体健康有促进作用的假说。而 Joanne Westphal 正式将康复性景观与城市公共空间联系起来，认为康复性景观应当扩大其应用范围，为城市整体居民提供健康效益。在此背景下，城市公共空间与老年人关系的深入研究也逐渐受到重视。比如，在身体健康方面，城市公共空间与老年人活动存在着关联性，环境质量、区域之间的通行方式和距离会影响老年人外出活动的频率与质量，进而对老年人身体健康产生影响。城市公共空间与老年人心理健康也存在着关联性。西方学者对公共空间环境与老年人心理进行了比对分析，发现居住环境中的绿地减少会使老年人感到社会支持度下降，进而引发其孤独感。

(3) 老年活动场地设计相关研究。

国外相关领域学者自 20 世纪 80 年代就开始思考什么样的城市公共空间是被老年人所需求的。1998 年出版的《人性场所》一书的第五章，从空间布局、场地微气候、心理需求等方面对老年人使用的户外公共空间展开了探讨，并提出了相关的具体设计建议。此外，国外学者对比各年龄层人群后发现，对于城市公共空间，老年人在主观需求、使用预期、使用偏好和现状评价这四个方面与其他年龄层存在明显差异。国外学者对社区户外空间、街道空间、公园广场等各类空间展开了研究。街道环境中，坡道或楼梯、斑马线、沿街树木、花园、交通站、商店、餐饮、可穿行的公园以及街道的整洁程度、景观价值、街上的活动人群对老年人有着更强的影响。社区户外空间中，老年人对体育活动、生活服务设施、社交与干净的环境四个方面更为在意。户外空间的吸引力、独立性、微气候和座椅舒适性是影响老年人外出活动的主要因素，而影响户外空间使用的三个设计因素为方向感、感官刺激的机会和对环境的控制能力。

2. 国内相关研究

中国进入老龄化社会的时间相对较晚，因此在老龄化城市公共空间领域的研究也相对滞后。在中国知网，以"老龄化"或"适老"为关键词在区域规划、城乡规划(含风景园林学)领域进行检索可以发现，相关文章数量为 1338 篇(如图 1.5 所示)。该领域的研究在 2000 年左右开始逐步受到学者重视，文章数量开始逐年增长。其中博士学位论文为 8 篇，核心期刊相关论文为 29 篇。

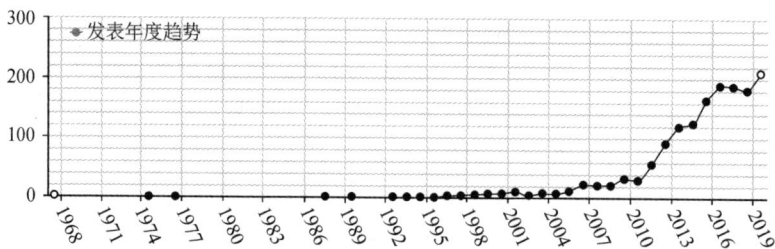

图 1.5 研究总体趋势分析

剔除与"老龄化"和"适老性"相关的直接关键词，分析相关研究的主题分布可以发现"设计研究""养老社区"和"养老设施"是主要的研究内容，如图 1.6 所示。

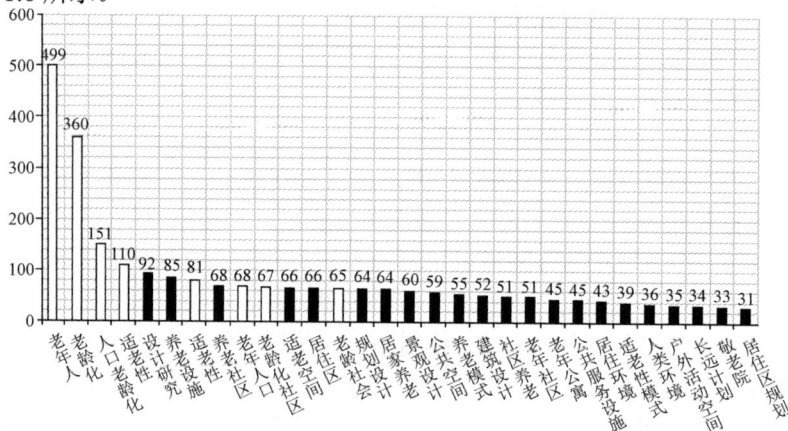

图 1.6 相关文献主题分布

查阅并总结国内论文，其研究角度主要有以下三个方面：

(1) 对老年人日常行为与空间需求的相关研究。

了解老年人对空间的需求是建设适宜性老龄化城市公共空间的前提。对老年人行为特征的研究旨在通过行为规律解读老年人的需求特征。老年人行为研究是地理学、老年学、社会学、建筑学、城市规划与风景园林学等领域研究老龄化问题的重要视角。城市公共空间建设相关学科领域对老年人行为的研究往往限定在社区、公园、街道等特定环境下，从微观尺度去解读老年人行为特征，便于了解老年人与具体空间环境之间的关系。我国这方面的研究起步较晚，有待更进一步积累与完善。

老年学、地理学和社会学等学科对老年人行为的研究侧重于生活方式、社会影响因素、活动内容等方面，相对而言有着更为完善的研究方法和理论基础，但缺少对场地环境与行为关联性的深入解读。

哈尔滨建筑大学编著出版的《老年人建筑设计规范》一书中，按照生活行为能力，将老年人大致分为自理老人、介助老人和介护老人三类。我国对老年人与城市公共空间的研究多以前两类具有活动能力的老人为主。老年人的活动范围大致可以分为基本生活活动圈、扩大邻里活动圈、市域活动圈和集域活动圈四个层级；老年人的活动领域又可以分为个体活动领域、成组活动领域和集成活动领域三种类型。老年人主要的活动类型包含就医行为、购物行为和休闲行为三大类。研究老年人活动发现，购物是老年人出行的最主要目的。距离住址 500 米的范围是老年人最主要的购物活动范围，且老年人购物活动的水平随着购物距离增加而衰减。老年人的休闲活动主要在社区 1000 米范围内展开，也同样遵循着距离衰减规律，年龄、性别、收入、职业对老年人休闲活动内容有着重要影响。从活动目的来看，老年人的休闲活动动机主要按照丰富生活、锻炼身体、消磨时间、人际交往和无目的行为依次排列。首先，老年人的户外活动有着聚集性特征，社会背景、文化层次、特长爱好、生活价值、年龄层次及健康状况等因素会促使有共同特征的老年人发生交往。其次，老年人的活动存在时域性，在地区气候的影响下老年人选择外出的时间存在共性。老年人活动特征还受到地域的影响，不同地域的老年人的生活行为习惯也存在差异。

(2) 空间功能、环境适宜性设计相关研究。

我国对老年人与城市公共空间关联性的研究主要集中在空间功能、环境适宜性等方面。研究的场地类型多集中在公园、社区户外空间、城市街道等场所。

由于研究角度的不同，中国学者对老年人活动空间的分类并未形成统一。1995 年出版的《老年居住环境设计》一书按照老年人活动的需求将老年人活动空间分为了供老年人享受自然风光的户外场所、供老年人健身锻炼的户外场所、供老年人社会交往的户外场所、供老年人从室内观赏的户外环境四类。还有学者结合扬·盖尔的三大活动类型将老年人户外活动空间分为了户外活动中心、步行空间、小群体户外活动场所、坐息空间、私密性空间、园艺场所等功能空间。基于老年人活动的特征，又可以将老年人户外活动空间分为活动空间、社交空间、休憩空间和服务空间四类。

在环境适宜性方面，适宜老年人活动的环境应当具有安全便捷的服务设施、安静美观的绿色景观、方便愉悦的步行环境和安全便捷的外部交通。老年人出行对空间环境的需求主要有安全性、便捷性、适应性、可识别性和参与性五个方面。不同年龄层的老年人身体机能不同，因此对环境的需求也存在差异。有学者依据年龄和活动能力将老年人分为初老、中老和高老三类群体，并调查了不同群体对公共空间的使用评价。他们发现随着老化程度的加深，现有环境的实用性与安全性也随之降低，高龄老人对环境舒适性更为敏感、对环境安全性要求更高。为提高老年人活动场地的环境适宜性，国内学者从多角度提出了相关的设计原则和方法。例如，依据老年人体工程学对场地环境进行设计，基于活动行为的相关设计研究，基于景观康复效益的相关设计研究……虽然研究角度不同，但相关论文的结论具有趋同性，其主要目的在于满足场地的安全性、可达性、舒适性、多样性和可参与性等方面的要求。

(3) 结合国外先进理念的相关研究。

① 健康老龄化(Healthy Aging)理念下的相关研究。1990 年世界卫生组织在世界老龄大会上第一次提出了"健康老龄化"的发展战略。该战略旨在发展和维持老年人的机能水平。机能水平包括老年人的内在能力、老年人居住的环境以及两者之间的相互作用。在此背景下，国内学者开始了健康老龄化在城市公共空间领域的相关研究。健康老龄化主要包括生理健康和心理健康两个方面。基于对老年人生理、心理、行为状态的观察分析，国内有学者提出了相关设计原则和方法，如景观空间的人性化原则、针对身体状况的分层设计方法、环境精细化的设计要点。通过研究老年人健康状况与环境影响要素之间的关系，他们还提出了健康老龄化公共空间的评价体系。还有学者结合医疗领域的循证方法论来研究景观环境的健康效益，并提出了相关设计原则与方法。

② 积极老龄化(Positive Aging)与老年友好城市(Age-Friendly City)理念下的相关研究。世界卫生组织 1996 年提出了积极老龄化的发展理念，并在 2002 年第二次老龄化大会中颁布了《积极老龄化：政策框架》文件，其目的在于改善老年人的生活质量，提倡老年人在晚年保持活力并积极参与社会创造。这一倡导对原有隔离式的消极老龄化态度进行了革新。在新理念的影响下，城市公共空间的相关研究得到了进一步发展。功能多元化、养老弱化、具有社会协同性是积极老龄化理念下的城市空间所应具备的特征。城市空间应能够促进老年人交往、参与社会活动并帮助老年人寻找在城市中的价值感和归属感。

2005 年国际老年学与老年医学协会(IAGG)首次提出了"老年友好城市"的概念并于 2007 年发布了《全球老年友好型城市：指南》。为进一步积极应对老龄化问题，该指南提出了户外空间和建筑、交通、住房、社会参与、尊重与社会包容、公众参与和就业、交流与信息、社区支持与卫生保健服务八个决定因素，为老龄化背景下的城市公共空间发展建设提供了途径。通过对美国、法国、英国、澳大利亚等国家实际案例的学习总结，国内学者为该领域提供了相关的经验。在空间设计方面，友好型老年城市应当提供安全可达的交通空间、舒适的活动场地、健康美观的景观环境、多元人性化的服务设施。

1.4.2 城市公共空间包容性设计相关研究

1. 国外相关研究

包容性设计(Inclusive Design)理念最早由欧洲设计师理查德·哈奇(Richard Hatch)提出。最初的包容性设计旨在促进社会公民民主平等权利的提升，希望从设计层面让各类使用者都能够有能力使用设计成果，为弱势群体提供与常人平等使用设计成果的条件。最早发表的关于包容性设计的论文可以追溯到加拿大 1994 年由人体工程学协会举办的第 20 次国际会议上发布的论文。随后包容性设计理念逐渐受到了设计领域的重视，与其类似的理念也不断涌现。从理念内涵来看，更早提出的"无障碍设计(Barrier-free Design)""通用设计(Universal Design)""跨代设计(Transgenerational Design)""设计为人人(Design For All)"等理念都有着与其类似的观点和设计目标。包容性设计在应用领域、方法和目的上对先前的理念进行了总结与升华，形成了"包容性设计立方体"的设计认识框架(如图 1.7 所示)，为曾经过于追求理想状态的口号式理念提出了相对更具有可操作性的具体途径，且仍在不断完善。

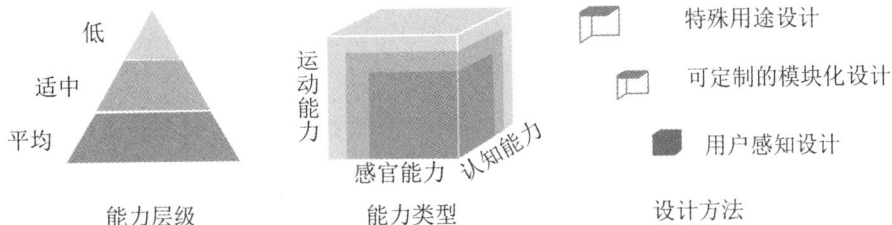

图 1.7 包容性设计立方体

在城市公共空间领域的包容性设计研究中，最具影响力的是由英国工程和物质科学研究理事会(Engineering and Physical Sciences Research Council，EPSRC)资助的 I'DGO One(户外环境的包容性研究)和 I'DGO Two/WISE(可持续环境满意度研究与社区公共空间环境设计策略)两个项目。前者于 2003 年至 2006 年间对公共空间环境与老年人、残疾人生活质量间的关系展开了研究，通过一系列的访谈、问卷、跟踪分析，对老年人、残疾人对空间的使用方式及其理想空间和空间需求有了深入了解。研究表明：休闲交往、体育锻炼、享受自然三类活动是老年人的主要活动；而环境的安全性、可识别性、临近性、卫生环境、光照、噪声等方面受到了老年人的高度关注；适宜密度的活动空间、高质量的步行与活动环境、易于感知的场地空间能够有效地提高老年人户外活动的水平。I'DGO Two/WISE 作为研究的第二阶段，在 2007 年至 2013 年期间对老年人、失智老年人展开了深入研究。该研究指出，包容性的户外空间应当具有易读性、独特性、可达性、舒适性、安全性等特征。两个项目最终成果主要包括《户外环境关联》(Why Does the Outdoor Environment Matter)、《花园重要吗？社区户外环境的角色》(Do Garden Matter? The Role of Residential Outdoor Space)、《对步行友好的邻里》(Pedestrian-friendly Neighbourhood)、《I'DGO Two 中期报告》和《包容性的城市设计：生活街道》(Inclusive Urban Design:Streets of Life)等一系列文献。除了相关的文献成果，该研究项目还衍生出了相关的研究组织与评估系统，其中较为知名的有专门为包容性设计提供协调咨询服务的"感知信任"慈善组织(Sensory Trust)和由英国建筑与环境委员会建构的"空间塑性"(Space Shaper)评估系统。起初国外对于城市公共空间包容性的研究主要关注对象是老年人与残疾人，但随着包容性理念被不断认可，其关注的群体也愈发多样化。有学者就站在了少数民族、少数族裔、儿童和年轻人等角度展开了研究。整体上看，国外对于包容性设计在城市公共空间领域的研究已有相当基础，且研究内容的广度与深度仍在不断完善，同时也形成了相对成熟的研究方法。

2. 国内相关研究

"包容性"理念作为从西方引进的先进思想在国内也逐步受到各领域学者的重视，但国内学者偏重于从"包容性增长""包容性城市"等角度，从宏观的社会经济、城市发展规划方面展开研究，真正以包容性视角对城市公共空间所展开的研究论文数量相对较少，归纳起来主要有以下两类。

(1) 包容性设计理念内涵与价值的相关研究。

作为引进的新思想，有国内学者对其内涵与在我国的应用价值做出了一定研究。包容性设计对我国老龄化社会环境下的城市公共空间有着重要意义，从老年人生理与心理需求的角度出发，包容性的城市公共空间设计应当遵循层次性、易达性、安全性和关照老年人心理感受等原则。包容性设计应当与老年学、老年医学等多学科交叉，进而推动包容性设计的发展，让更多相关部门、学者倾听到边缘弱势群体的需求，促进社会公平。还有学者通过分析"关西涝灾医院花园""麦克唐纳·伍兹公园"和"感觉花园"总结了发达国家城市公共空间包容性设计对我国景观规划及设计的启示。

(2) 各类城市公共空间的包容性设计的相关研究。

针对包容性城市公共空间设计的研究主要集中在公园、街道和住区户外空间这三类空间场地。对于公园的包容性研究，学者们通过对场地内老年人的活动类型、活动特征以及场地可达性、活动设施等方面的分析，提出了空间可达、功能复合、代际互动、设施适老、共享开放等设计原则和具体设计建议。对于街道空间的包容性设计研究，有学者对汽车主宰的城市街道进行了反思，认为：以汽车为服务对象的街道尺度失调，过分强调通行功能而导致街景过于呆板，以利益为生产驱动的街道导致使用者心理趋向隔离。在此背景下，有学者将街道界面、街道情景、街道景观、街道心理作为评价街道包容性的四大要素对具体街道展开了调查研究，并提出了相关设计原则。还有学者站在老年人的角度，分析了街道对老年人非正式活动的包容性。住宅区户外空间的包容性研究受到了更多的关注，文章数量也相对较多，其研究角度也较为多样。比如，有的学者从健康需求角度出发，对上海某村落的户外空间进行了分析，并提出了结合当地条件特征的包容性设计策略；有的学者从社区空间的适老性出发，对重庆地区老年群体类型进行了细化，以多样性、差异性、代表性和兼容性的老年群体作为研究样本，为提升重庆社区公共空间环境的适应性与共享性提出了具体的指导意见；有的学者则从全龄社区建设的角度出发，分析了不同年龄层对于社区户外空间的需求，并提出了相关设计原则。

整体来看，国内对于城市公共空间包容性的研究，更多地侧重于老年群体的需求，研究多结合环境行为、老年医学、老年学、人体工程学等学科知识，偏重于从使用者的生理需求、心理需求、活动行为和生活方式为切入点进行论证，最终所提出的相关设计方法、原则或策略基本趋同。

1.4.3 研究现状评述

从时间上看，西方发达国家更早进入老龄化社会，由此引发的社会问题让西方学者更早地开始了相应的理论研究，奠定了一定研究基础。而国内更多偏重于将包容性理念应用于宏观的城市规划和社会经济领域，针对城市公共空间的包容性研究成果相对较少，且尚未形成根植于国内现状的系统理论，基本仍处于初期积累和向国外学习的阶段。

从研究内容上看，首先，国外老龄化相关研究与包容性相关研究有着明显的传承关系，前期老龄化研究给城市公共空间的包容性研究做了大量的铺垫工作。"了解老年人"作为研究第一步，国外学者为我们提供了扎实的基础研究资料。同样国内对于老龄化背景下的城市公共空间研究也奠定了相当的基础，但与包容性设计相关的研究结合并不深入，有待进一步推进。其次，国外在包容性领域的相关研究其研究对象更为多样且深入，除了关于老年人、残疾人的相关研究外，还涉及诸如少数族裔的社会弱势群体，而且对于老年人、残疾人的研究更为精细化，如单独针对阿尔兹海默症老年群体或失智老年群体的研究。而国内的包容性相关研究大多聚焦于泛化的老年群体，且群体分类不够细致，有待更精细化、更深入的研究。最后，国外的研究内容更偏重基础研究，对于研究对象与空间环境的关联性有着更为深入的理解。国内研究更偏重于应用研究，结论多聚焦于各类场地的包容性设计原则或策略上。

从研究方法上看，国外相关研究更多采取定量研究的方法，通过可量化的数据对结论或猜想进行论证。国内研究则存在着大量的定性研究，一方面侧重于对包容性概念的诠释，另一方面侧重于包容性设计方法的创新研究。因此国内相关研究文献在质量和说服力上仍有待提高。

总体上看，国内外对于老龄化背景下的城市公共空间研究都有了相当的积累，但在城市公共空间包容性领域的研究仍偏重于对单一群体与空间环境关系的研究，"包容性设计"理念相对于"无障碍设计"的进步就是承认了群体之间需求的差异性，出发于弱势群体视角，但加入了更为综合的考量内容。查阅文献可以发现，当下的研究依然缺少对于群体差异性与群体在空间中的相互关系的深入探讨，且聚焦于单一群体视角的相关研究所提出的设计策略、设计原则往往缺乏指导实践的可操作性。

第二章　相关基础理论与指导意义

2.1　相关概念界定

2.1.1　老龄化

老龄化有两种含义，一种被称为"个体老龄化(Individual Aging)"，另一种是"群体老龄化(Population Aging)"。从个体角度看，"老龄化"指个体年龄的增长；而从人口角度看，"老龄化"被定义为老年人在人口中比例的提高过程或人口平均年龄不断提高的过程。后者被看作老年人口学中"老龄化"的狭义定义，也是被更为广泛使用的老龄化定义。相较而言个体的老龄化现象更容易被直观地发现。个体老化的发展与老年群体的代表性如图 2.1 所示。群体老龄化现象则需要更多的科学知识才能确认。

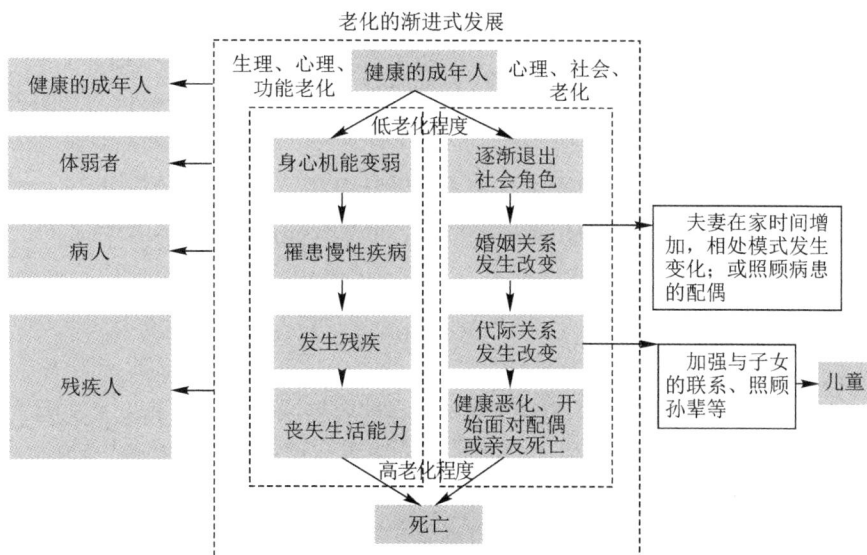

图 2.1　个体老化的发展与老年群体的代表性

人口老龄化现象早在 20 世纪之前就已经发生，但直到 20 世纪后才被人们有所认知。1956 年联合国出版的《人口老龄化及其对社会和经济带来的问题》(*Population Aging And Its Social And Economic Implication*)一书中首次明确了老龄化的划分标准，即一个国家或地区 65 岁及以上老年人口数量占到总人口比例的 7%时，则意味着该地区或国家进入老龄化。此后，"维也纳老龄问题世界大会"上又再次明确，60 岁及以上老年人口比例占总人口比例的 10%时，则意味着该地区或者国家进入老龄化。导致人口老龄化的根本原因是社会生产力的进步。生产力的发展使得人类社会物质产品的数量急剧增加，人类在衣、食、住、行等方面有了进一步的保障，在抵御自然灾害时也有了更先进的手段。同时，医疗水平的提升大大延长了人类寿命。一方面，生产力的进步让人类死亡率下降，为人口老龄化提供了前提基础。另一方面，生产力的进步加速了出生率的下降。人类从农业社会进入工业社会，这种经济模式的转变使生产活动进一步摆脱了对人口劳动力的依赖，为降低人类生育要求提供了条件；而且社会模式的转变冲击了传统生育观念，"养儿防老"不再成为唯一的养老方式。此外，避孕节育技术的进步为少生孩子的愿望提供了基础条件。在死亡率降低和生育率降低的双重影响下，人类人口老龄化成了一个不可避免的发展趋势。

本书中"老龄化"的含义，既包括了"个体老龄化"也包括了"群体老龄化"的定义内容。从研究背景方面看，本书是基于"群体老龄化"定义，从中国人口老龄化的背景提出问题。鉴于中国人口老龄化具有老龄人口规模庞大、高龄老年人人口规模庞大、老龄化速度快等特征，老龄化背景下的城市公共空间相关研究更符合当下社会的迫切需求，也更能凸显研究的重要性和代表性。在研究方法方面，本书基于"个体老龄化"的定义内容，从老年人主体视角出发，对老年人在空间中的需求进行调研，抛开宏观社会背景，扎根微观主体需求，有利于推进场地尺度的相关问题分析，更能反映出使用者与场地之间的真实关系，更具说服力。

2.1.2　包容性

"包容"一词是指主体将客体放入特定的容器或区域内，其反义词为"排斥"，即主体拒绝容纳某客体或将其排出。包容一词有"兼容并包"的含义，包容的前提在于承认事物之间的差异性，其目的是达到一种"和而不同"的状态。强调多样性的统一和差异性的协调是包容的本质。在社会科学领域中"包容性"一词通常指社会主体能够包容某客体的特征。

本书中的"包容性"指城市公共空间的包容性,其含义主要分为两个层面。首先是物质空间对弱势群体的包容性。环境行为学理论认为人类的行为是出于对某种刺激的反应,这种刺激更多的来源于外部环境刺激,人类行为与外部环境相互作用,人类塑造环境,而环境又影响了人类行为。相比常人而言,老年人由于生理机能的相对衰退,对环境的感知能力、适应能力都存在不足。因此,空间环境对此类群体的影响与对常人的影响存在差异性。而城市公共空间的包容性就是指其物质空间环境对弱势群体差异性需求的包容程度。能否让弱势群体便利地参与到场地活动之中,能否有效减少环境对弱势群体活动的阻碍是判断城市公共空间包容性的重要依据。其次,城市公共空间包容性的另一层含义是指在场地环境影响下,不同使用者之间的可接纳程度。不同个体由于教育背景、职业、身体机能、个人兴趣的不同,对空间的需求存在差异性,而这种需求之间的差异存在着潜在矛盾。以老年人为例,老年人对场地安全性的高要求使得场地功能难以兼顾激烈运动。因此,在某种程度上,年轻人与老年人对场地功能的需求存在一定矛盾,且这种矛盾不仅局限于场地功能,还存在于对空间的审美、设施尺度的要求等诸多方面。城市公共空间的公共属性更是要求空间不能只孤立地考虑某一类群体的需求特征。具有包容性的城市公共空间应当以弱势群体需求为基础,尽可能地综合考量不同群体间的需求差异性,并利用设计、管理手段去扩大包容范围。

2.1.3　城市公共空间

不同学者对城市公共空间有着不同的解释,目前城市公共空间的定义尚未形成统一定论。有学者将城市公共空间定义为:对公众开放,人工因素占主导地位的城市空间,包括地上和地下的,内部与外部的城市空间,它包含自然界的开放领域和城市内部的公共场所。该定义将城市中所有具备公共属性的空间都定义为城市公共空间,其中也包括了室内空间。还有学者认为,城市公共空间是城市或城市群中,在建筑实体之间存在的开放空间,是城市居民进行公共交往活动的开放性场所,是人类与自然进行物质、能量和信息交流的重要场所,也是城市形象的重要表现之处。

综合相关文献可以发现,城市公共空间具有以下几个特征:

(1) 公共性。城市公共空间是服务于大众的活动场所,使用群体并不局限于个人或者某一团体。

(2) 层级性。城市公共空间不仅在规模上存在大小差异的层级关系,如分类中的市区级、地区级、街区级。由于公共性是一个相对概念，所以城市公共空间在公共性或私密性上也存在层级关系。

(3) 多样性。首先城市公共空间在类型上是多样的，街道、广场、公园等都属于其范畴；其次，使用者对于空间的使用需求存在多样性。

(4) 发展性。从历史发展的角度看，城市公共空间本身也随着社会演变而产生变化，皇家园林转变为城市公园就是最好的例证。

(5) 载体性。城市公共空间不仅是承载居民活动的物质空间载体，还是城市历史文化的物质载体，也是城市自然生态要素的重要载体。

与城市公共空间近似的概念有：

(1) 城市空间(Urban Space)。城市空间是开敞的、用于室外活动的可以被使用者感知的空间，其具有集合特征和美学质量，包括了公共的、半公共的和供内部使用的空间。

(2) 外部空间(Outer Space)。外部空间是自然中由框架限定的空间，并不是无限延伸的自然空间，其由人所创作，是比自然更有意义的空间。

(3) 城市开放空间(Open Space)。英国《大都市开放空间法》中，城市开放空间指"任何围合或不围合的土地。"美国《房屋法》中，城市开放空间指"城市区域中未开发或基本未开发的土地，其必须具备公共的娱乐价值、自然资源价值、历史和风景价值等。"国内学者认为开放空间是限定要素较少的空间，且为大众敞开的公共服务空间，除了公园绿地外还应当包含城市街道、广场、庭院等空间。

这些与城市公共空间相近似的概念，其建构的出发点与侧重点不同。城市空间更注重从空间美学质量和空间感知的层面去表述其概念内涵。外部空间则侧重于强调自然空间与人造户外空间的差异。城市开放空间更倾向于通过场地功能、构成要素来对其概念进行描述。本书之所以选择"城市公共空间"这一概念，是因为课题研究的前提和基础是场地的"公共"属性，空间中差异性需求的潜在矛盾所形成的前提条件便是场地的公共性，而这正与城市公共空间的公共性内涵契合。

城市公共空间是一个庞大的城市空间系统，其所涵盖的范围过于广泛，为保障研究过程中的可行性，本书需要对所研究的城市公共空间范围进行再次界定。书中的城市公共空间主要指调研区域范围内的，为大众活动服务的建筑外部空间，主要包括了住宅区活动场地、邻里街道、城市道路、公园、广场等。

2.2　相关基础理论

2.2.1　老年社会学相关理论

世界人口老龄化引发的社会问题已经成为全球共同关注的人类发展的重要议题，从 1940 年至今老年社会学的相关研究历史已有 80 余载，在此过程中老年社会学相关的理论也在随着社会的发展而不断更新。与本研究相关的老年社会学理论主要有角色理论、活跃理论、脱离理论、年龄分层理论和老年亚文化群理论(如表 2.1 所示)。

表 2.1　老年社会学相关理论

相关理论	主　要　观　点
角色理论	随着年龄老化，老年人社会角色将发生从职业角色进入退休角色、从家庭主导角色到依赖角色等转变
活跃理论	老年人的社会适应能力依赖于是否继续积极的生活。老年人和其他年龄群体一样，有着参加各种社会活动的愿望，不会因年龄增长而减少
脱离理论	老年人与社会的要求正在渐渐拉大距离，对老年人最好的关爱应该是让老年人在适当的时候以适当的方式从社会中逐步脱离
年龄分层理论	年龄可以直接或间接影响个人在社会上承担的角色，即在总体上某一阶段的年龄总是对应于某一特定的角色
老年亚文化群理论	老年人作为一个群体，有着共同的行为准则、期望、信仰和习惯，并形成他们自己的亚文化群体；老年人之间的交往多于其与社会其他成员的交往

1. 角色理论

"角色"一词原本指演员在戏剧中所扮演的人物，乔治•赫伯特•米德(George Herbert Mead)在其 *Mind，Self and Society* 一书中最早将"角色"这一概念引入社会学领域的研究，书中认为社会学意义中的角色虽然与演员按照剧本演出不同，但个体在行动过程中也同样存在受到暗示的成分，社会个体会按照其所承担的责任与社会期待去行事。

马克思认为，人的本质属性并非自然属性而是社会属性，而社会属性被视为一切社会关系的总和。在角色理论中，"角色"是用来描述个体与社会关系的核心概念。角色理论认为，人在一生中都在扮演着不同的社会角色。领导、职员、父母、公务员、生意人等都是不同的社会角色。不同的社会角色所拥有的社会权利和承担的社会责任与期望也有所差异。社会角色对个人行为有着重要的影响。一个人能够做什么，不能够做什么，对待外部的人与物应当抱有什么样的态度，很大程度上与个人所扮演的社会角色相关。而且社会角色与个体的生命阶段有着紧密的联系，"什么年龄做什么事"其实就是大众对于这种联系的朴素认知。个人所扮演的角色还受到年龄与生理条件的影响，如在生育年龄成为孩子的父母、老年阶段退离工作岗位等。角色理论也是老年社会学领域最早用来解释老龄化过程的重要理论之一。人类个体随着年龄的不断增长，生理机能的逐渐衰退，尤其是从中年步入老年阶段时，将面临一个强制性的角色转变过程。角色理论通过对这一过程的研究来探寻帮助老年人尽快适应角色转变的方法。

个人所扮演的社会角色规范了个人的行为，并塑造了其行为特征。而不同角色之间的行为特征又存在差异性。聚焦于本书的研究内容，这种行为特征的差异也同样表现在个体对城市公共空间的需求之中。比如，带着孩子在公园中玩耍的父母和在公园中锻炼的退休大爷，两者由于扮演的社会角色存在差异，对公园功能、环境等各个方面的需求都存在不同。

2. 脱离理论

1966 年由卡明(Cumming)和亨利(Henry)联合发表的《逐渐衰老》(*Growing Old*)一书被视作脱离理论的代表作。脱离理论也被称作撤退理论和休闲理论，是老年社会学提出的首个理论。作为早期的老年社会学理论，脱离理论认为应当摆脱以脱离社会制度的特点来认识衰老。当人类年龄增长或生理机能衰退到一定程度时，老年人应较少参与社会活动、降低与他人交往的频率，进而更专注于自己的内心生活，社会权利应当有序、逐步地从老年人转向年轻人。

在脱离理论的观点中，人类的晚年生活与中、青年阶段的生活有着明显的差异。伴随着生理机能的逐步衰退，老年人不适合继续承担前一阶段的社会责任。脱离社会一方面有利于老年人安度晚年，另一方面也有利于社会权利、社会资源的重新分配。脱离理论的四个主要观点如下：

(1) 老年人生理机能的衰弱形成了脱离社会的基础。随着身体的衰老，人们参与社会活动的能力与意愿都在下降。

(2) 脱离过程的发起方式分为两种。一种是由老年人主动发起，自觉减少社会活动和社会联系。另一种是由社会发起，强制性退休制度、对年老者的排挤与歧视都被视为社会发起的脱离过程。

(3) 老年人从社会中脱离是一种双赢。这样，一方面有利于老年人自身安享晚年。脱离理论认为老年人由于生理机能的衰弱无法再继续承担以往的社会责任和社会期望，而脱离社会有利于减少社会环境对老年人施加的心理负担，且可以使其进一步参与家庭生活，以平和心态度过晚年。另一方面，老年人脱离社会有利于年轻人的社会继承。老年人的脱离可以使其原本的权利与义务过渡到青年人手中，这有助于社会发展的代际接力，社会资源也可以得到再次分配的机会。

(4) 老年人脱离社会的过程具有普遍性与强制性。该理论认为虽然每个老年人个体和其所处的社会环境存在差异，但其最终都会以不同方式完成社会脱离。

作为早期形成的老年社会学理论，由于当时社会背景和生产力水平的影响，脱离理论以一种过于消极的态度去面对老龄化问题，随着人类生活水平的不断提升，随后的理论也对此提出了反思和批判。虽然脱离理论的局限性在随后的社会发展中被不断地论证，但其也描述了因为老年人生理机能衰退而导致其无法继续承担以往社会责任的客观现实，在一定程度上反映了外部环境与老年人需求的矛盾。本书研究的城市公共空间则可以被看作组成老年人外部环境的物质空间载体，老年人的空间需求与空间现状之间的差异性本质上与上述矛盾相同。抛开脱离理论观点的局限性，脱离理论在研究论证的过程中都承认并支撑了这种矛盾的客观存在，而如何更为合理地缓解此类矛盾也是城市公共空间需要解决的问题。

3. 活跃理论

当人们从中年阶段进入老年阶段的时候，不得不面临社会角色转变的过程。通常老年人会从曾经的强制性角色中脱离出来，这种角色的转变会对老年人的生活方式、心理状态产生重要的影响。以退休为例，部分老年人会因为脱离了生产工作，在生理与心理上都受到负面影响。罗伯特·哈维格斯特在其《老年人》(Older People)一书中正式提出了活跃理论，并论述了老年人面临的非强制性角色缺失以及其产生的负面影响。与脱离理论相反，活跃理论认为老年人在老年生活阶段所扮演的非强制性角色越丰富，越有助于提升其对生活的满意程度，而丰富非强制性角色的方法就是鼓励老年人积极参与社会活动。活跃理论认为，人们从中年进入老年的过程中，中年阶段扮演的社会角色的终结会导致其社会地位下降与自我价值的迷失，进而对其情绪产生负面影响，加剧其老化程度。老年人在晚年生活中应当更积极地去探索自身的非强制性角色。这种非强制性角色与以往的强制性角色不同，更多是出于个人意愿、兴趣的选择，因此有助于对老年人的精神状态产生正面影响，有助于老年人寻找自身价值，提升自我价值实现的水平，以及提高晚年生活的满意度。在活跃理论中，外部的社会环境应当采取积极的态度来面对老龄化的过程，为老年人探寻新的社会角色提供外部的环境支持，鼓励老年人参与社会活动。

活跃理论的局限性在于其忽视了老年人的个体差异。由于受到过往职业、受教育水平、性格等多方面的影响，老年个体之间对参与社会活动的态度也存在差异，并不是所有老年人都愿意积极地投身于社会活动之中。虽然活跃理论存在局限性，但这并不影响它成为社会主流共识。作为外部的社会环境采取积极态度来支持老年人积极参与社会活动，其实是在为老年人提供更多的选择机会。"积极老龄化""老年友好城市"等理念也是基于此价值观而受到了广泛关注。同样，城市公共空间作为组成外部社会环境的物质活动空间，也应当采取积极态度，促进老年人的社会交往，在空间层面给老年人参与社会活动提供可能性和基础条件。

4. 年龄分层理论

玛蒂尔达·怀特·莱利于 20 世纪 60 年代末提出了年龄分层理论。该理论通过利用社会分层的理论与方法将社会成员按照年龄进行层次划分，并通过对不同年龄层次成员的收入、声望、权利和社会流动等方面的研究来揭示年龄与社会之间的关系。每一个人类个体都经历着两种历程，即从出生到死亡的生命过程以及在社会群体关系中的社会变迁。年龄分层理论利用社会学传统的动力学分析方法，将这两种历程看作相互作用、相互影响的发展动力，个体所处的生命阶段会对其社会角色和行为产生影响，反之个体的社会行为也会对其生命历程产生影响。

年龄分层理论从四个方面论述了个体生命历程与社会变迁之间的关系。首先，该理论建构了"同期群"这一概念。同期群主要指由不同的人组成的群体，但群体中的个体在年龄、社会经历和观念等方面又存在相似之处。其次，文化观念、经济发展、技术水平以及健康会对年龄层能力与贡献程度产生影响，且不同年龄层的能力不同，其所承担的社会责任与社会期待也不同。再次，年龄可以以直接或间接的方式影响社会成员所扮演的社会角色。最后，社会对不同年龄层群体的期望存在差异，这种期望更类似于一种惯性思维，比如年龄大的人较为稳重，青年人应该激情四射等。

在年龄分层理论中，年龄不仅能够体现个体的生理特征，还能够反映该年龄群体的普遍特征。如果将整个社会群体视为一个整体年龄层级系统，那么社会成员在这个系统中处于一种流动状态，从幼年到青年、中年、老年直至死亡。

同一历史时期，不同年龄层群体所表现出的普遍特征是存在差异的，比如青年人思想开放，老年人思想保守。此外，不同时期的同一年龄层群体也存在差异性，比如 60 年代的老年人与千禧年时期的老年人因为经历了不同的历史时期而形成了不同的观念。

年龄分层理论始终以一种动态的观点在解释老龄化的过程，揭示了各同期群之间的差异性以及他们之间的相互关系。该理论为老年社会学领域提供了新的研究视角，并为缓解老龄化问题提供了更为精细化的参考依据。在本书的研究课题中，城市公共空间中的各年龄层群体的行为差异，其实就是年龄层理论中各同期群差异在场地空间中的具体表现。可以说，年龄分层理论在本书的实证研究过程中，为人群的分类方法提供了重要的理论依据。

5. 老年亚文化群理论

广义上的亚文化群可以被定义为广泛文化的一个亚群体，这一群体的形成既包括了亚文化的特征，又包括了一些其他群体所不具备的特定文化要素的生活方式。相对于主流文化群体而言，亚文化群主要指一群以他们独有的兴趣、习惯，以他们的身份、参与的事情和参与事情的地点在某些方面呈现出非常规状态或边缘状态的人。亚文化或亚文化群是一个相对于主流文化或主流群体的概念。在此背景下，美国学者罗斯提出了老年亚文化群理论。他认为，同领域成员的交往只要超出了和其他领域成员之间的交往就会促使亚文化群体形成，而老年群体恰好符合这一特征。

影响老年亚文化群产生的因素主要有主观因素和客观因素两个方面。在主观方面，生理机能的衰退会对老年人心理产生负面影响，无助感、失落感等负面情绪会成为多数老年人不得不面对的心理状态，而社会角色的转变也是老年人都要面临的一种挑战，老年人所关注的社会利益也具有相同之处。可以说从社会经历、价值观、文化信仰等各个方面，老年人与老年人之间存在着共同特征，这有助于老年人形成共同话题，因而老年人在主观意愿上更容易与同年龄层的人群产生联系，促进老年亚文化群的形成。在客观方面，社会制度和规范会让老年人在生活方式和生活行为方面产生更多的共同之处。而在城市建设方面，老年社区、老年活动中心、老年公园等一系列的支持环境都会进一步促进老年群体活动的聚集效应，进而促进老年亚文化群的产生。

老年亚文化群理论认为，老年亚文化群的形成有助于老年人再度融入社会，积极参与社会活动。城市公共空间作为承载老年活动的平台，应该通过相关的设计引导，营造有利于老年亚文化群形成的空间环境。

2.2.2　环境行为学相关理论

虽然有学者将环境行为学称作环境心理学，但按照斯托克斯(Stokols)和摩尔(Moore)的主张：环境心理学应是环境行为学所属的下一级的研究领域。环境行为学中的环境是广义的环境，是物理空间环境、社会环境、自然环境，甚至网络虚拟环境。而环境行为学中的"行为"一词将其研究范围限定在了人类能够产生活动的物质空间，其主要的研究就是解释人类行为与城市、建筑、环境之间的关系与相互作用。

早在19世纪末至20世纪初期，心理学基于实验研究，提出了"环境决定论""行为主义"等理论观点，这些理论虽然片面地强调了环境对行为的单向影响，但其在建筑、规划领域也掀起了一阵波澜，"建筑决定论""规划决定论"也在此背景下应运而生。但直到20世纪70年代才真正形成了环境行为学研究热潮。美国于1969年成立了《环境与行为》(*Environment and Behavior*)期刊。环境设计研究学会(DERA)也于1970年出版了第一本年会会议记录。1978年"环境心理学"被正式编入了沃尔曼(Wolman)大百科全书词条。随后英国、德国、日本等国家或地区的学者也相继开始对环境行为学展开研究，并获得了相当的研究成果。

1. 环境和行为的类型

(1) 环境的类型。

环境行为学中的"环境"是一个由人类视角构建的概念，如果将人类的主观意识视作"内"，那么"环境"就可以被视为能够影响"内"的外部的总和。它可以是看得见摸得着的物质，也可以是抽象的气氛、氛围。不同领域对环境的定义也不相同。影响人类生活的环境通常被分为自然环境和社会环境。其中，自然环境按照层级又可以分为生存环境、地理环境、地质环境和宇宙环境。自然环境可以被理解为影响人类生活的自然因素的总和。社会环境则是建立在自然环境基础上，通过人类长期有意识加工、改造而形成的人类生活环境。社会环境包括直接或间接影响人类生活发展的一切社会因素。社会环境可以被分为物理社会环境、生物社会环境、心理社会环境、文化社会环境、制度社会环境和群体组织社会环境。人类作为社会属性的动物，时刻都在社会环境的影响之下，社会环境的本质是人类创造的所有物和人类本身。除了常规地将环境分为自然环境与社会环境，还有地理学家将环境看作个人环境、社会文化环境和现象环境三者相互联系的一个整体。现象环境是指客观存在的世界本身，可以是由人组成的环境，也可以是由物组成的环境。社会文化环境主要指影响人类行为的社会文化背景或社会关系，家庭、民族、国家、阶层、文化等都是其涵盖的范畴。而个人环境是指人类主观意识和经验所认知或推理出的环境。其中社会环境和个人环境与个体行为有着更直接、更紧密的联系，而环境行为学研究也多基于此来研究环境与人以及与行为之间的关系。

(2) 行为的类型。

行为是人类内心活动的外化表现。促使行为产生的原因是复杂的，一方面有来自人类主观意识的影响，另一方面也受到外部环境的影响。行为类型的划定也存在着多样性。丹麦学者扬·盖尔(Jan Gehl)基于个体需求将行为分为了必要性活动、自发性活动和社会性活动。必要性活动主要指略带强制性的活动，这种活动通常较少受到外部环境的影响，如上学、上班、购物等一系列与维持生活相关的活动；自发性活动更多是基于人们的主观意愿而产生的活动，外部环境质量的高低与此类活动的产生有着密切联系；社会性活动又叫做连锁性活动，是指需要与他人产生联系的活动，社会性活动通常由前两者发展而来，且高质量的户外环境更有利于促进社会性活动的产生。

如果按照人类活动空间的尺度，又可以将人类行为分为微观空间行为、中观空间行为和宏观空间行为。不同尺度下的行为所反映的行为内容也有所不同，相关研究的领域也有所差异。微观空间行为是以个体人为尺度的空间单位所发生的行为，人体工程学就是通过结合个体微观空间行为与人体比例关系的研究来指导相关设计领域的实践应用。在《隐形的维度》(*The Hidden Dimension*)一书中，作者将人与人之间的距离划分为了亲密距离、个人距离、社交距离和公共距离，不同距离下所发生的行为内容也有所差异。中观空间行为主要指以家、邻里空间为尺度单位所发生的行为，社会交往、邻里关系一级邻里空间环境与行为的关联性是中观空间行为的主要研究内容，其在社区规划、社区环境设计等领域有着重要影响。宏观空间行为涵盖了家庭、邻里空间、城市地区、世界范围四个层次的空间范围，居民活动模式、人类迁移都属于宏观空间行为的研究范畴，地理学相关领域常常以观察人类宏观空间行为的方法来对人类社会问题展开研究。

2. 环境行为学基础理论

环境行为学对环境与行为关系的认识是一个逐步发展的过程。环境行为学中的行为主要指人类意识表现出来的外部行为活动(并不包括心理活动)。从哲学角度看，对于行为与环境关系的探讨，其本质上也是在探讨物质与意识的关系。基于对两者关系的不同认识，环境行为学形成了以下三种有重要影响的理论：

(1) 环境决定论(Environmental Determinism)。

环境决定论是环境行为学初期的主流理论。顾名思义，该理论认为外部的环境要素决定了人类的行为方式。环境决定论的局限在于过分强调环境对人的单向影响而忽略了人的主观能动性对环境的改造能力。虽然环境决定论存在一定的局限性，但它确实反映出了环境与人类行为之间的某种联系，因而在早期的建筑和规划领域也引起了广泛影响，建筑决定论、规划决定论等由此应运而生。时至今日，过度追求效率的设计模式和形式化的使用者反馈机制导致在国内的相关设计领域，环境决定论仍在无形地影响着设计师们的决策过程。

(2) 相互作用论(Interactionalism)。

相对于环境决定论而言，相互作用理论进步的地方在于承认了人的主观意识对环境的改造能力。相互作用理论将人与环境视为两个独立的要素，个人行为一方面受到外部环境因素的影响，另一方面也受到个人主观意识的影响。在环境中的个体不仅可以被动地适应环境，对环境做出反应行为，还可以积极主动地选择环境所提供的要素，并改造环境以满足自身意愿。在相互作用论的观点中，行为的产生与变化不再仅仅来自外部环境的单向影响，更是在行为主体与外部环境两者相互作用下导致的行为结果。

(3) 相互渗透论(Transactionalism)。

相互渗透论超越了以往的环境行为理论，提出了更具综合性的观点。相互渗透论并没有像相互作用论一样将人与环境作为分离、独立的两个要素来看。在相互渗透论中，人与环境被看作一个不可分割的有机整体。相对于相互作用论而言，相互渗透论中的人与环境始终都在作为一个整体随着时间的变化而变化。相互渗透论认为人与环境不再是简单地相互影响，除了环境对人行为的塑造与人对环境的物质功能的改造以外，人还能够改变环境的性质与意义，且具有重新解释、定义环境的能力。以西安明城墙为例，在中国古代，城墙作为防御工事而存在，而现代的明城墙则成了著名的旅游景点。在时间的影响下，人们在城墙上的行为发生了变化，从抵御外敌变为旅游观景。人通过对古代城墙的重新定义改变了其本质属性。相互渗透论认为，人和环境所形成的系统会随着时间的变化而变化，而且这种变化是系统的固有属性。由于这种变化的存在，相互渗透论不再仅局限于关注人与环境关系的普遍规律，而是更注重对具体现象的解释。

随着人们对环境与行为关系认知的不断加深，环境行为学的相关基础理论也在不断更新。理解人与环境的关系对城市公共空间包容性研究有着至关重要的意义。一方面，使用者行为可以反映出人对环境需求的偏好，环境行为学理论可以在调研内容与方法上起到支撑作用。另一方面，聚焦于场地使用者的行为是一种真正从以人为本视角出发的研究方法，城市公共空间包容性策略或原则的提出，其依据来源更能反映出使用者的真实需求，在指导实践过程中更具有可操作性。

3. 环境与行为关系的基本模型

在环境行为学中，解释环境和行为关系的模型主要分为两种：S→O→R 模型和 $B = f(P \cdot E)$ 模型。

S→O→R 模型中的 S 是指"刺激(Stimulas)"，O 代表"有机体(Organism)"，R 则表示"反应(Response)"。外部环境是人类感觉信息的重要来源，从简单的光、热、声音到复杂的建筑、街道、其他生物都会对人类的感觉器官产生刺激，而人们也会基于这种刺激做出相应的行为反应。S→O→R 模型是心理学早期提出的人与环境的关系模型，与环境决定论一致，该模型对于两者关系的理解过于简单化。该模型认为环境与行为以一种单向影响模式产生联系，且行为是受到外部环境信息刺激而做出的反应，环境决定了人类行为，有机体在模型关系中始终处于一种被动状态。该模型更偏向于一种实验式思维，机械化地认为人类行为是环境信息输入、处理再输出的一种模式化过程，人类主观意识的复杂性与人类改造环境的能力没有受到充分重视。从"有机体"一词并没有将人与动物进行区分也可以反映出该模型对人类主观意识及其能动性的一种忽视。S→O→R 模型虽然存在一定的局限性，但也揭示出了特定情况下人与环境的客观关系。比如，赫尔森(Helson)在 1964 年提出了适应水平理论。其中，最佳刺激度概念指出了每个人对外部环境信息的刺激都存在一定的适应水平，环境信息的刺激过高或过低于这个水平就会对个体行为带来或正面或负面的影响(如图 2.2 所示)。

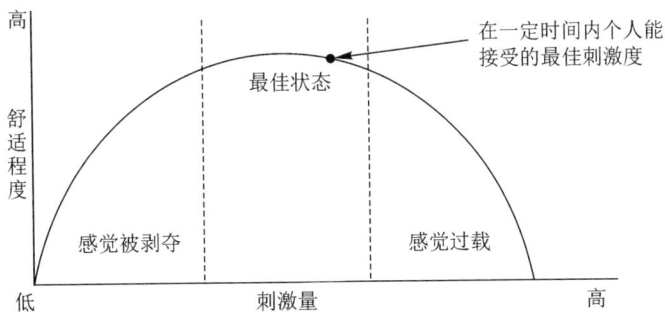

图 2.2　最佳刺激度概念

　　同样，结合扬·盖尔的活动分类可以发现，虽然上述模型难以解释必要性活动过程中环境与行为的关系，但是在社交性活动和自发性活动中，S→O→R模型在一定程度上揭示了环境质量与人类行为的关系。个体在无目的状态下的行为更容易受到环境的影响，S→O→R模型更容易去解释此类状态下人类行为与环境的关系。

　　1951年德国心理学家勒温(K. Lewin)提出了著名的格式塔场理论，并构建了 $B = f(P \cdot E)$ 行为模型公式。公式中 B 代表"行为(Behavior)"，P 表示行为主体"人(Person)"，E 则代表"物质环境或场所(Enviroment)"，f 表示全部事态函数。在格式塔场理论中，全部事态被称作生活动力空间，生活动力空间不仅包括人与环境互动的物质空间，还包括在互动过程中形成的心理空间。在该模型中个人行为不再是单纯受到物质环境的单向影响的结果，而是人的内在需求与外部环境相互作用的结果。与刺激、反应模型不同，格式塔场理论中的行为模型更加注重人类主观需求对人类行为的影响，而且该理论认为主观意识需求对于行为的影响作用要比外部环境对人的行为的影响更大。但追本溯源，这种主观意识需求的形成又来自外部环境信息的刺激。也正是这种相互影响，促成了内在需求与现实环境相互作用的循环。在格式塔场理论框架的基础上，劳顿(Lawton)又提出了"老龄化的生态模型(Ecological Modle of Aging)"(如图2.3所示)。

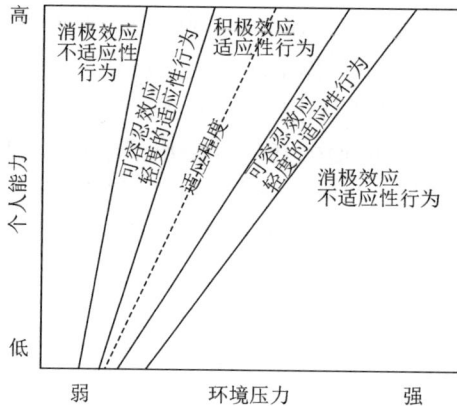

图 2.3　老龄化的生态模型

　　老龄化的生态模型解释了环境压力与个人行为能力之间的关系。该模型认为能力越强的人所能承受的环境压力越高，而无能力承受环境带来压力的人群将难以适应该环境。随着年龄的增长，人类的生理机能与精神状态也会进一步衰退，进而导致其活动能力不足，而当外部环境对老年人行为需求出现限制时就会产生环境压力，这种压力有可能激发老年人的活动行为，也可能限制老年人活动而产生负面影响。通常，当活动能力高于环境压力时，个体在环境中更容易适应，当环境压力略高于活动能力时则有可能激发个体的活动潜能，过高的环境压力会给人带来负面影响，让个体在环境中无所适从。此外科尔普(Carp)在格式塔场理论的基础上将模型拓展为 $B = f(P \cdot E \cdot PcE)$，其中 PcE 代表环境支持与行为需求的一致性。他认为外部环境不仅能够影响使用者行为，还应当对使用者提供积极的支持，让老年人能够通过环境来弥补自身活动能力的不足，而且环境还能够促进人们对高层次需求的追求，利用外部环境资源来满足个性化需求。

总而言之，两种模型以及相关的理论都在一定程度上揭示了人、行为和环境三者的关系。针对本书的研究内容而言，构建包容性的城市公共空间的前提基础就是了解不同使用者的需求与差异，为了保障研究的客观与准确性，一方面应当通过观察对使用者行为与环境的直接联系进行更为深入的调研，另一方面还应当充分了解使用者主观需求与场地环境、功能的匹配程度。

2.2.3　需要层次理论

著名心理学家马斯洛在 1954 年首次提出了人本主义心理学的概念，在行为主义心理学和临床心理学盛行的当时，人本主义心理学为心理学研究又开拓了新的视野。随后，马斯洛不断完善自己的理论并提出了"动机理论"，国内学者们常引用的"需要层次理论"便是"动机理论"中的核心内容。

1. 人的动机

马斯洛对行为和行为心理的研究始终是从人的视角出发的。与传统心理学相比，动机理论明确了"机体"中动物和人的区别，他更强调人的内在驱动对人类行为的影响。他认为人与动物不同，人类有着更强的内在驱动力。马斯洛认为动机就是让人从事各类活动的内部原因，动机主要包括外部动机和内部动机。外部动机主要指个体在受到外部压力或要求的情况下产生的动机，而内部动机主要指个体的内在需要所引起的动机，马斯洛研究的主要是后者。

研究人类动机的前提首先是必须以人为中心。马斯洛之所以强调以人为中心是因为过往的心理学研究往往将动物在实验中的反应行为与人类行为进行类比，忽略了人与动物的差异，但实际上人具有更强的主观意愿和内在驱动力。其次，在研究人类动机时应当始终将个体视为一个整体。这里的整体主要指人并不是单纯地由组织、器官或系统叠加而成的。人类做出的行为是人作为一个整体受到促动而产生的，而不是单独某一个器官对于人发出的指令的反应。以饥饿为例，人在感受到饥饿时，并不是单纯的肚子需要被填饱，而是个体人对食物的需要，当这种需要得到满足时，不仅肠胃功能产生了变化，整个人精神、状态诸多方面都会产生变化。

人类的动机是复杂多样的。一方面，人类的动机是连续不断、永无止境的。人类的欲望是无穷的，当一个动机被满足时，人类会将注意力转移到下一个动机上，而一个动机或欲望没有被满足，也可能会引发其他动机行为。另一方面，不同动机之间均存在一定联系，当个人的欲望或有动机的行为产生时，有可能会形成一种渠道作用，其他的动机也会通过这个渠道得以展现。马斯洛以性行为为例举证这一理论，他认为性行为中所体现的动机可能是有意识的性欲或无意识的其他目的。比如，男性确立男子自信的欲望或者表达爱意的欲望，都可能伴随着性行为这一渠道同时表现。此外，马斯洛还指出并不是所有行为和反应都是存在动机的。他认为人类对成熟、成长和自我实现的追求和生理需求类似，都是人类内在的自然本质，因而此类目的的动机与一般意义的动机不同，都可以被视为自然流露的无动机行为。

2. 人的需要

需要是驱动人类行为的内在因素，马斯洛将人类的需要划分为相互重叠的三种需要，分别是意动需要、认知需要和审美需要。三种需要相互之间存在联系而非孤立存在。在马斯洛看来，人类的认知冲动不仅来自负面的焦虑、恐惧等因素的影响，还有发自内在的本能的对于知识的追求。同样审美需要也是人类的基本需要，人类对美的追求也是一种内在的类似本能的需要。其中，意动需要是动机理论研究的核心内容，马斯洛将意动需要分为了五个层次：生理的需要、安全的需要、爱和归属的需要、尊重的需要和自我实现的需要。

(1) 生理的需要。

生理的需要是动机理论的基点，是人类最原始、最基本的需要，它关乎着人的生存问题。吃饭、穿衣、医疗和居住都是人类最基本的生理需要。在动机理论中，相对于其他需要而言，生理的需要占据了绝对优势，如果同一时间内个人的各类需要都没有得到满足，生理的需要往往会成为促发人类行为的主要动机。机体在这种情况下会被生理的需要所主宰，个体的全部精力会专注于解决生理需要的行为当中，而更高层次的欲望也会退居后位。

(2) 安全的需要。

当生理的需要得到一定程度的满足后，人们就会开始追求更高层次的安全的需要。为了避免恐惧和混乱，人类创造了边界(国家、种族等)、社会系统，还制定了法律，这些都是人对安全需要的具体表现。通过对儿童的观察发现，当儿童意识到危险存在(如噪声、食物不足或被粗鲁对待)时，会表现出不适反应以获得成年人的帮助。对于安全的追求同样也适用于成年人，但相对于儿童而言成年人学会了压制自身的恐惧感，使其表现得不是很明显。此外，人们对熟悉事物的偏爱和对未知的恐惧也反映了人对安全的需要。当安全的需要没有被满足时，如同生理需要一样，机体也可能会受到安全需要的支配，其行为目的都会指向对安全环境或状态的追求。

(3) 爱和归属的需要。

当生理的和安全的需要都得到很好的满足时，爱和归属的需要就会出现。人是社会属性的生物，这决定了个体与社会组织之间联系的必要性。这里的爱其实就表现了这种人与人之间的联系，爱不仅是接受他人付出情感，还包括了对他人付出情感。归属不仅指代固定的住所和稳定的生活，还包括了个体在社会中的位置和身份的认同。爱和归属的缺失会导致个体产生强烈的孤独感、疏离感等一系列痛苦体验，甚至产生极端负面影响。

(4) 尊重的需要。

除去极端的病态个体外，处于社会关系之中的绝大多数人都希望得到自我或外部环境的认可，也就是尊重的需要。尊重的需要可以被分为两类：一类是发自于内在的自我认可，对通过自身实力、成就、权能、优势等建立自信的欲望；另一类则是来自于他人的认可，比如对于地位、声望、荣誉或赞赏等方面的欲望。尊重需要的满足会在一定程度上对个人产生积极的推动作用，提升个体工作、生活的积极性；反之，则会产生自卑、无助、虚弱等负面情绪。

(5) 自我实现的需要。

自我实现的需要是动机理论中最高层次的需要，理论中的自我实现主要指"对于自我发挥和自我完成的愿望，也就是一种使人的潜力得以实现的倾向，这种倾向可以说成是一个人越来越成为独特的那个人，成为他所能成为的一切"。每个人对自身自我实现的需求是存在巨大差异的，有的人希望成为教书育人的老师，有的人希望成为一个负责任的家长等。主观意愿的差异使每个人的自我实现目标有所不同。但是，自我实现的前提依赖于前几个层次需要的满足。

值得注意的是，在马斯洛的动机理论中，要满足上述五个层次的需要存在着先决条件，即个体在无损于他人情况下拥有言论、行动、表达和获得信息的自由以及集体环境中存在的公平、正义等秩序。因此，不能将对自我实现的追求与极端的个人和自由主义划作等号。上述前提条件的缺失将会威胁人类满足需要的环境。

3. 需要的特征内涵

马斯洛除了提出了需要的层次体系外，还指出了人类需要的基本特征。

(1) 需要是动态、递进的。

在需要的层次体系当中，马斯洛始终从动力学的视角解释人类需要的特征。当低层次的需要得到充分满足的时候，人们会产生更高层次的需要，人类的需要是一种从低层次向高层次发展的动态过程。而且，当某一层次的需要得到长期满足时，该层次的需要对人类行为的影响将会受到削弱，但如果受到挫折或满足缺失，它们将会再次出现，并控制机体行为。

(2) 弹性化的满足程度。

在需求层次体系中，更高层次需要的出现依赖于前一层次的需要得到满足，但这种满足并不意味着完全满足，当低层次需要在一定程度上得到满足时，新的需要就会产生，而这种程度界限也会因人而异。需要并不会突然地、跳跃式出现，而是以一种缓慢、渐进的方式出现。

(3) 高层次需要与低层次需要的差异。

相对于低层次需要而言，高层次需要是较晚的进化发展的产物，且越高层次的需要越为人类所特有。高层次需要不像低层次需要一样迫切，但有赖于较好的外部环境条件。

(4) 差异化的需要层次顺序。

在动机理论中，需要的层次体系并非是一成不变的，在内部观念和外部环境的共同影响下，有些人的需要层次可能会出现顺序颠倒的情况。例如，有人会觉得尊重的需要比爱和归属的需要更为重要。而且，当某一种需要得到长期满足后，这种需要的价值有可能会被低估，对于个体而言，该需要在层次体系中的位置也会发生变化。

环境行为学理论与动机理论同属心理学范畴，前者侧重于解释外部环境对人行为的影响，后者则更偏重于关注人的内在驱动力对人行为的影响。具体到本书的研究范围，这种内在的主观需求也同样会对城市公共空间中使用者的行为产生影响，而且其需求与行为特征也可以被视为需要层次在具体场地环境中的真实表现。

2.2.4　包容性设计理论

20 世纪的一百年中，人类平均寿命由曾经的 46.3(男)和 48.3(女)增长到了世纪末的 73.8(男)和 79.5(女)。人口老龄化问题成了西方发达国家面临的日益严重的社会问题。加之一个世纪中的两场世界大战产生了大量伤残人士，如何帮助失能者参与社会活动成了社会各领域关注的问题。在此背景下，20 世纪60 年代无障碍设计在美国建筑领域兴起，其旨在为残障人士创造具有可达性的物质空间环境。随着对美观、功能、公平、效率各方面的更深入思考和认识，通用设计与包容性设计也应运而生。

1. 包容性设计理论

起初的包容性设计旨在为老年人和残障人士提供更容易使用的产品、环境和服务。相对于传统的设计理论而言，包容性设计不再局限于仅关注标准用户群体的设计思路，而是将老年人、残障人士等弱势群体纳入设计对象范畴，希望通过设计来为实现社会公平、平等和尊重多样性等积极价值观提供途径。在这种价值观的影响下，包容性设计自 1994 年提出后逐渐受到了世界范围的认可，其关注的对象也不仅局限于老年人和残障人士，诸如少数族裔、低收入人群、特殊疾病患者等各类生理或社会弱势群体都成了包容性设计所关注的对象，同时世界各国也在包容性设计理念的影响下颁布了一系列的法律和规范，具体如表 2.2 所示。

表 2.2　包容性设计相关法律和规范

年份	地区	法律和规范的颁布与修订
1961	美国	美国标准协会制定了第一个科技型标准 ICC/ANSI A117.1；该标准提供了详细的信息、尺寸和规范，以帮助建筑设计师制定其规范和设计，从而使设施和场所能够为所有残疾用户提供无障碍准入和易用性
1968	美国	《建筑障碍法案》的颁布消除了失能者就业的最大障碍，该法案要求所有联邦自己设计、建造、改建或租用的建筑物都必须具备可及性
1973	美国	《康复法案》颁布，这是美国失能人士的第一项民权法。该法明文规定基于残疾的歧视是非法的，该法适用于联邦机构、公立大学、联邦承包商和任何其他接受联邦资金的机构或活动。每个机构都有与其相对应的法规集。这些法规的共同要求包括：为失能雇员提供合理的便利性；程序无障碍；与有听觉或视觉障碍者能进行有效沟通；以及具备可及性的新建和改造建筑

年份	地区	法律和规范的颁布与修订
1990	美国	《美国残疾人士法案》唤起了公众对失能者民权的广泛认识。美国建筑与交通障碍合规委员会于 1991 年颁布了可及性设计的辅助功能指南。这些导则在美国司法部修改后获得通过，并成为强制性的可及性设计法律标准
	中国	中华人民共和国第七届全国人民代表大会常务委员会第十七次会议通过了《残疾人保障法》，从法律层面明确了残疾人在政治、经济、文化、社会和家庭生活等方面享有其他公民平等的权利。该法同时规定"国家、社会以及公共服务机构应当为残疾人提供优先服务和辅助性服务，改善参与社会生活的条件，逐步实行方便残疾人的城市道路和建筑物设计规范，以及采取无障碍措施"
1995	英国	对失能者关注的焦点扩大到了服务的获取，并列入 1995 年颁布的《残疾歧视法案》
	欧洲	依靠因特网和通信技术从媒体获取资讯和相关服务在欧盟的主导下也通过立法给予保障
2010	英国	《英国平等法案》修订、简化加强了以前的立法，新的条例在此后几年逐步实施
	美国	美国司法部对 1990 版《美国残疾人士法案》第二章和第三章法规的修订于 2010 年 9 月 15 日在联邦公布。这些法规通过了经修订的、可执行的无障碍标准，称为 2010 版 ADA 可及性设计标准、"2010 版标准"
2012	中国	《无障碍环境建设条例》发布实施，该条例在无障碍设施建设、无障碍信息交流、无障碍社区服务等多个方面做出了明确的规定和要求

包容性设计理论的核心主要包括以下几点：

首先，包容性设计理论是以人为本的设计理论。人类社会从农业社会转变到工业社会的初期，在资本主义主导的社会价值观下，效率成了社会运转考虑的第一要素。大机器时代虽然大幅度提高了人类生产物质产品的能力，但同时也在一定程度上忽视了人作为个体的基本需求，为提高运输效率而出现的宽大机动车道、为提高设计效率而生产的高难度操作的机械设施等，都成了忽视人类需求的例证。相反，包容性设计倡导的是以人为本的设计理念，相关产品、环境、服务的设计出发点不再单纯地以效率、利益为考量标准，而是从满足人类的基本需求和高级需求为出发点。"有用(Useful)、好用(Usable)、爱用

(Desirable)和耐用(Sustainable)"也就成了包容性设计成果应当具备的特点。

其次，包容性设计理论是一种反对设计排斥的理论。"排斥"意为主体拒绝容纳某客体或将其排出，在包容性设计中的主体对应的是相关的设计产品、环境或服务，而客体则代表了最终使用者——人。"当产品的使用能力要求超过了终端用户的实际能力时，就会产生设计排斥"。这种排斥类似于环境行为学理论中过高的外部环境压力，用户使用此类设计产品、环境或者服务时会产生沮丧、无助等负面的情绪。包容性设计提倡的是产品与使用者的能力对应，使用者在自身能力范围能轻易使用相关产品。

再次，包容性设计理论是关注弱势群体的设计理论。该理论认为，诸如老年人、残障人士等失能者能力受到限制的主要原因是外部环境未能够提供有效的支持，而非使用者本身的能力缺失。包容性设计理论中的"用户金字塔"模型指出，设计成果应当优先考虑用户群体中严重失能者的需求，也就是金字塔顶端的用户。在一般情况下，顶端用户需求的满足也同样适用于顶端以下的用户(如图 2.4 所示)。因此，弱势群体的使用需求也就成了包容性设计的核心关注点。

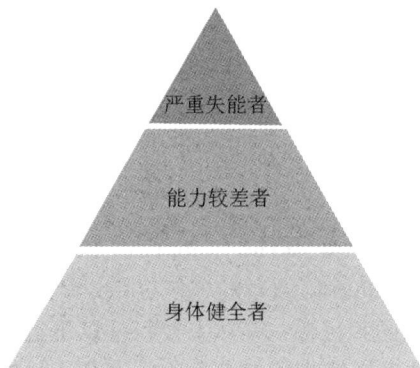

图 2.4　包容性设计中的"用户金字塔"模型

最后，包容性设计理论还是满足差异化需求的设计理论。虽然，包容性设计对弱势群体有着更为优先的关注，但并不是只关注弱势群体。相比无障碍设计而言，包容性设计是将弱势群体视为大众群体的组成部分之一，旨在满足弱势群体需求的基础上，尽可能满足更多人的使用需求。承认使用者的差异化需求，并在此基础上寻找能够为不同使用者提供公平、公正使用环境的设计途径是包容性设计理论相比于传统设计理论的重要进步。

2. 包容性设计原则

包容性设计理念在不断推广的过程中，与设计相关的不同领域也都提出了与自身设计成果相关的包容性设计原则。除了各学者通过论文、专著等形式提出的具体设计原则外，相关机构也提出了更具共识性的包容性设计原则(如表2.3 所示)。

表 2.3　相关机构的包容性设计原则

机　构	领　域	原　则　内　容
英国建筑与建成环境委员会(CABE)	建筑与环境	• 将人置于设计流程的核心位置 • 承认多样性和差异性 • 提供多样的选择 • 提供使用上的灵活性 • 为每个人提供方便、愉悦的建筑和环境
Paciello 集团(TPG)	软件、交互界面	• 可比体验 • 考虑情境 • 保持一致 • 给予控制 • 提供选择 • 优先内容 • 增添价值
微软(Microsoft)	软件、数字产品	• 识别排斥 • 从多样性中学习 • 解决其一，扩展其余

英国建筑与建成环境委员会(The Commission for Architecture and the Built Environment，CABE)于 2006 年颁布的《包容性设计原则》针对场地、空间设计提出了相应的设计原则和目标，具体主要包括以下五点原则：将人置于设计流程的核心位置；承认多样性和差异性；当单一设计解决方案无法满足所有用户时提供更多的选择；提供使用上的灵活性；为每个人提供方便、愉悦的建筑和环境。上述原则旨在达成的目标有：包容，每个人可以安全、轻松、有尊严地使用；响应，估计人们的需求和主张；灵活，不同人可以用不同方式使用；方便，每个人都可以不太费力或无区别地使用；关照所有的人，不在乎使用者的年龄、性别、灵活性、种族或境况；接纳，不存在可能对某些人群造成排斥的禁止性障碍；切实可行，提供多个解决方案以帮助平衡每个人的需求，并认识到单一解决方案可能无法适用于所有人。

2002 年成立的美国可及性资讯机构 Paciello 集团(TPG)归纳了软件、交互界面领域的包容性设计原则：可比体验，为用户提供可类比的界面操作体验；考虑情境，应当考虑使用者所处的不同情境，确保在任意情境下界面都可以给用户提供有价值的体验；保持一致，界面应当遵循约定俗成的既有模式，保障用户使用时的熟悉感；给予控制，确保用户拥有控制权；提供选择，考虑为使用者提供多种方法来完成任务；优先内容，通过界面设计突出应当优先关注的核心内容，方便用户掌握关键信息；增添价值，斟酌功能的价值以及功能改善用户体验的方式。

软件、数字产品方面的知名公司微软(Microsoft)通过多年产品经验总结出了主要的三条包容性设计原则：识别排斥，对设计中的排斥障碍保持敏感度，并努力将其转换为包容性设计的机遇；从多样性中学习，保持多样视角观察事物；解决其一，扩展其余，考虑使用者的能力上限，满足失能者使用需求往往也能普惠于普通使用者。

观察不同领域不同机构所提出的包容性设计原则可以发现，虽然每个行业原则的侧重点存在差异，但其中依然存在着共同特征。这些共同特征主要可以归纳为以下三点。一是以人为本原则，无论是场地环境、工业产品、软件界面，其设计的主要目的就是满足使用者——人的需求，因此无论行业差异性多大，以人的需求为设计出发点成了各领域包容性设计原则的共识。二是多样性原则，这里的多样性原则主要分为了两个层面。首先是应当考虑使用者的多样性，包容性设计不再局限于仅服务某一类人群，而是要接纳多样化的人群，为大众而设计；其次设计成果的使用方法、功能应当具有多样性，单一的功能或使用方法难以适应多样化人群的使用需求，为使用者提供更多选择是更具包容性的做法。三是反排斥原则，为使用者提供便利、易于控制的使用方法与环境，减少使用过程中由设计引发的限制性因素也是包容性设计的主要共识。

除了以上共性之外，建筑与环境领域相较于产品设计、软件界面的不同之处在于，要考虑如何满足不同使用者的差异化需求，在时间和空间的限制下，不论建筑空间还是户外空间，多数情况下都存在着共同使用的情况，相比产品或软件，其在同一时空下面对的使用者更为多样，如何兼顾各群体的差异化需求，也是该领域包容性设计的主要挑战。

2.3　理论指导意义

2.3.1　认知层面

对上述相关理论的梳理，进一步加深了本研究对老年群体场地环境与行为关系的认知和理解。首先，应当全面且辩证地认识老年人、老年人与社会环境的关系。年龄分层理论和角色理论解释了人类在进入老年阶段时所面临的角色转换问题，以及角色转换过程中老年人因为不适应而引发的相关问题。脱离理论与活跃理论以两种对立的观点论述了社会对老年人应持有的态度。活跃理论倡导的积极支持老年人参与社会活动受到了更为广泛的支持；虽然脱离理论被后续学者们不断批判反思，但其也解释了老年人由于生理机能衰退而无法继续承担以往的社会责任的客观现实。从本书视角出发，老年人对城市公共空间的特殊需求本质上也是由于生理机能的衰退而产生的。因此应当辩证地看待老年人的差异性需求，一方面为了保障老年人需求的安全性、适宜性，应当与其他群体加以一定程度的"脱离"；另一方面为了促进老年人积极参与社会活动、鼓励社会交往，又应当鼓励其参与活动，其间的关系存在复杂性与辩证性。

其次，本书对需求、行为和场地空间的关系有了更深的认识。城市公共空间包容性研究的前提就是了解不同使用者对于场地的需求以及其间的异同，而行为又是使用者需求的外在表现。环境行为学相关理论和需求层次理论深刻地揭示了三者之间的关系。

2.3.2 价值观层面

能够有效指导实践并推进社会发展的研究，其观点应当具备正面、积极的价值理念。本书在活跃理论、老年亚文化群理论和包容性设计理论的支撑下，认为对老年人应当采取积极态度，鼓励其在晚年参与社会活动并形成有助于其身心健康的趣缘群体。城市公共空间应当消除对老年弱势群体的排斥，为其外出活动和户外交往提供更多的可能性。而城市公共空间的包容性策略中则主张以满足老年弱势群体需求为基础，兼顾其他年龄群体需求，前者作为前提，后者作为扩充，两者兼顾地提升空间包容性。

2.3.3 理论建构层面

需要层次理论、角色理论、年龄分层理论为本书提出"包容性空间需求差序"这一概念提供了基础的理论支撑。需要层次理论解释了人类需求动机的层级关系，城市公共空间作为承载居民行为的场所，使用者在其中的行为需求也同样遵循马斯洛提出的需要层次理论。而年龄分层理论和角色理论揭示了不同年龄人群所承担社会角色的差异性，这种差异性也同样体现在其对于城市公共空间的使用需求方面。使用者对于空间需求的层级属性和不同年龄层使用者需求差异正是本书概念建构的基础。

2.3.4 调研方法层面

环境行为学相关理论揭示了个体与空间环境的关系，本书对城市公共空间中使用者需求的研究一方面来自对使用者主观意愿的了解，另一方面则通过对使用者行为的观察与分析获得。环境行为学理论对于后者的研究起到了一定的支撑作用。此外，角色理论与年龄分层理论对调研过程中差异化使用者的分类依据提供了支撑，年龄分层理论认为不同年龄阶段的人虽然存在个体之间的差异，但由于其所扮演的社会角色存在一定程度上的共性，而这种共性也会使其对城市公共空间的需求存在共性。虽然年龄分层理论在一定程度上忽视了个体之间的差异性，但从概率角度看，其确实揭示了各年龄层群体存在共同特征的客观事实，本书以此作为调研人群的分类依据有助于揭示研究内容中存在的普遍规律。

本文所涉及的相关理论与其所起到的指导意义如图 2.5 所示。

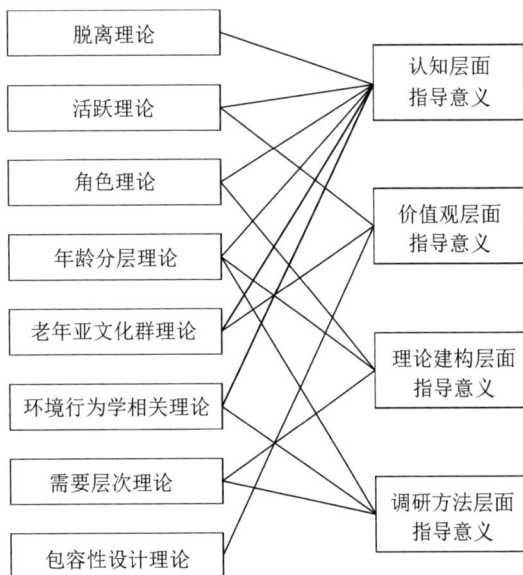

图 2.5 相关理论与指导意义

第三章　城市公共空间需求差序概念构建

3.1　概念建构基础

在包容性设计理论中，成功的场地应当是在满足弱势群体需求的前提下，尽可能满足更多人群使用需求的场地。这其中隐含的问题便是如何去实现"尽可能"，怎样判断场地是否真的做到了"尽可能"？通过对基础理论与研究现状的梳理可以发现，虽然学者们提出了诸如灵活性、多样性、反排斥等设计原则，但是这些原则更多的是强调了实现包容性的方法或理念，并没有真正解释清楚"尽可能"的标准和依据是什么的问题。因此，本书通过建构"城市公共空间需求差序"这一概念，以城市公共空间中使用者需求的特征及关系为依据，进一步揭示"尽可能"的依据和标准，并以此来寻找实现空间包容性的有效途径。

3.1.1　需要层次理论的推论

"对知识的需要，对理解的需要，对人生哲学的需要，对理论参照系统的需要，对价值系统的需要，这些本身都是意动的，是我们原始的动物本性的一部分。在马斯洛看来，无论是人类对生理的低级需要还是对高级需要的不断追求，都是人类本性的一部分，是人类心理的共性。需要层次理论是在研究更为根源性的人类需求问题。理论中个体需要层次的划分，个体高级需要和低级需要满足的条件以及个体需要的递进模式三者，都是人类共有的特征。例如，穿衣的偏好、食物的偏好、发型的偏好等，由于受到文化影响而表现出了差异性，需要层次理论揭示了这些差异化现象背后更为本质、普遍的人类需求的根源性特征。

人类需要的层次性特征始终伴随着人类生活，而且以多样化的形式显现出来。每当人们在做抉择时，需要层次系统其实都在潜移默化地对选择的结果产生影响。以扬·盖尔的活动分类为例，必要性活动的产生之所以较少受到外部环境的影响，其原因就在于多数的必要活动，如工作、购物等都关系着个体的生存，是更偏向于满足低层次需要的行为；而自发性活动和社会性活动其实更多是满足尊重、自我实现等更高层次的需要，因此其对外部达成条件的要求也更为严格。这种基于需要层次所构成的行为存在于绝大多数人的一生当中，它可以是人生道路的抉择，也可以是具体的偏好、喜好。

对于本书所研究的城市公共空间而言，需要层次对空间中的使用者也存在着普遍影响。从社会整体角度看，我国正处于重要的社会转型期，随着生产力与生活质量的不断提高，城市公共空间也面临着同样的转型问题。城市空间的"增量转存量"，对城市的"修补"与"修复"其实都是在此大背景下所提出的政策建议。居民对城市公共空间的要求也逐渐由"有没有"转变为"好不好"。在物资匮乏的年代，公园、广场的存在本身就能满足大多数居民的要求，而随着物质生活的不断丰富，居民活动的多样化以及场地的活动内容、环境质量也成了使用者关注的核心。这正是城市公共空间领域中，使用者需要由低级需要转变为高级需要过程的体现。从使用者个体角度看，在城市公共空间中使用者的具体行为也受到了需要层次的影响。居民在何时去何地其实就是自身需要排序之后的结果。当一个人决定在某一时段去公园休闲、锻炼，他必然会衡量从事其他事情所占用的时间，比如为工作时间做出妥协。当工作这一关乎生存的低层次需要未被满足时，去公园活动的高级需要则难以满足。同样，当一个人决定去某公园活动时，他可能会优先考虑场地的安全性、可达性，随后再考虑场地功能是否符合自己的意愿、环境是否优美等。当然，这些排序也会因人而异，但都反映了需求层次对城市公共空间的使用者产生了影响的客观事实。使用者行为所反映出的需要层次可以被视为马斯洛需要层次理论在城市公共空间需求的具体场景中的推论(如图 3.1 所示)，也是本书建构城市"公共空间需求差序"概念的重要基础。

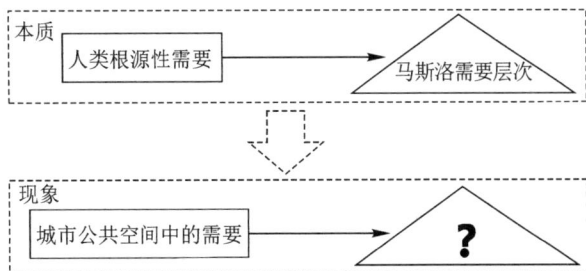

图 3.1　马斯洛需要层次理论对城市公共空间需求的推论

3.1.2　城市公共空间中需要层次的差异性

马斯洛的需要层次理论揭示了人类需要的共性问题。从根源上看，人类的需要特征存在着普遍性和一致性。将马斯洛的需要层次理论看作人类需要的本质，那么人在城市公共空间中的需要则可以被视为本质的外化现象。在具体的场景、环境或事件中，个体行为现象所展现的需要层次特征是丰富多样且存在差异的。在城市公共空间中，使用者需求的优先次序也存在着差异性，这种差异性可能是需求层次的颠倒或满足程度的不同。比如，老年人或儿童比年轻人更加在意活动场地的安全性。相对而言，前者在选择活动场地时满足安全需要的比重就会更大。而年轻人在进行户外活动时则更愿意选择与自身主观意愿相符的活动场地，由于其对环境有着更强的适应能力，在进行户外活动时，外部环境对其限制也更少。喜爱打篮球的年轻人会忽略活动场地的距离而去一个更为专业的篮球场。在城市公共空间中，个体对场地功能、距离、环境质量和使用时间等的需求都是存在差异性的，而这种差异性也正是个体需要层次差异的具体表现。

造成这种差异化现象的原因主要是城市公共空间中的个体受到了生理机能、主观意愿和外部环境压力三方面的影响。

(1) 个体的生理机能影响着其在城市公共空间中的活动能力，年龄的增长、疾病或意外事故都可能导致个体生理机能的衰退。

环境行为学中的适应性理论指出，当外部环境压力高于个体能力时，会引发一系列的负面影响。生理机能的衰退大大降低了使用者在城市公共空间中的活动能力，老年人、残障人士、儿童等弱势群体相对普通人而言更容易处于较高的外部压力环境之中。基于对自身活动能力的考虑，生理机能较弱的个体在城市公共空间活动时，会优先考虑外部环境与自身活动能力是否匹配，环境的安全性、舒适性更容易被置于需求顺序的前端或者有着更高程度的满足需求。

(2) 个体对城市公共空间的各方面需求受到自身主观意愿的影响，偏好的植物、喜爱的活动内容等都与自身主观意愿有着紧密的联系。

性别、性格、阅历、教育、所处的历史阶段和文化环境等的差异使得个体与个体之间的主观意愿存在着差异。不同群体之间同样存在着差异。比如，经历过"乒乓球外交""邓亚萍夺冠"等一系列事件构成的乒乓球热潮的中老年人，乒乓球运动会成为其户外活动的不二选择。而受到"NBA 文化"或"欧洲冠军杯"影响的年轻一代，对于篮球和足球的喜爱也影响着他们户外活动内容的选择。《中国城市老年人的活动空间》一书中的研究发现，退休前所从事的职业在一定程度上影响了老年人对康体型休闲活动与益智怡情型休闲活动方式和种类的选择。不同偏好的活动需求所对应的空间需求存在差异，这种主观意愿影响下的城市公共空间需求差异，正是个体需求特征与需求层级关系差异化的具体表现。

(3) 外部环境压力促使城市公共空间中需求层次差异化的产生。

这里的外部环境压力有两个层面的含义。其一，是物质环境对人的限制。在城市公共空间中，糟糕的环境质量、场地可达性的缺失、活动设施的不完善都会在一定程度上对人的活动产生限制，这种来源于物质空间层面的限制会影响使用者需求的排序。另一个层面指的是社会环境、舆论等抽象氛围对个体的限制。个体人是社会属性的动物，这决定了人与社会联系的必然性，其在社会中扮演的角色、承担的责任和拥有的权利都在规范着他的行为。在城市公共空间中，使用者的需求和行为也受到社会环境的规范，而且个体与个体之间存在着差异。比如，带着低龄儿童在公园中活动的父母，作为监护人的角色就必须要更注重场地对于儿童活动的安全性，而独身的青年则不会考虑满足此方面的需求。

值得注意的是，生理机能、主观意愿和外部环境压力对城市公共空间使用者需求层级的影响并非孤立存在，而是相互联系的。比如，外部环境对个体限制的程度也取决于个体的生理机能状态。同样，外部环境对主观意愿也有着塑造作用。总而言之，在三者共同作用下，个体对城市公共空间的需求层级产生了差异化。如何满足这种差异化需求是包容性城市公共空间要解决的重要议题。

3.1.3 需求差序与城市公共空间包容性

"差序"一词意为：差别、等级。《三国志·魏志·东夷传》中存在表述："及宗族尊卑，各有差序，足相臣服。"其中，差序一词用来形容宗族之间的差别与等级关系。费孝通在《乡土中国》中提出了"差序格局"的概念，用来形容我国社会人际关系中存在的层级性特征，"差序"可以理解为多样、有序的意思。本书中的"需求差序"指个体对于城市公共空间的各类需求存在的差别与等级关系。

城市公共空间的公共属性要求其在同一时间与空间的限定下能够服务不

同类型的人群，因为差异化的人群的需求也存在差异，因此需要提升城市公共空间包容性来满足这种差异化的需求。但差异化需求之间潜在的矛盾又可能会导致空间在满足某一类人群需求时，忽视了其他群体的需求。鉴于个体需求的主观性与复杂性，研究其间关系需要有效的衡量方法。因此，本书以空间中使用者需求层级特征与需求关系为依据建构了"城市公共空间需求差序"概念，旨在为认识城市公共空间需求提供新的视角，并为城市公共空间的包容性研究与应用提供可行的理论依据和实践方法。

"城市公共空间需求差序"与空间包容性的关系是：个体对城市公共空间的功能、环境等各个方面都有着基于个体需求的重要性排序，即需求差序。不同使用者的需求差序具有差异性，而具有包容性的空间应当充分考虑各个使用者的需求差序特征与需求差序间的关系，有针对性、层级性地满足各类使用者之间的差异化需求。

该概念的核心在于揭示城市公共空间中使用者需求的关系，其中"空间"与"使用者需求"是构成理论的重要组成。"空间"作为承载使用者活动的物质基础，可以起到缓解或激化使用者需求潜在矛盾的作用。空间中的使用者需求又是多样且存在差异的，辨析不同需求之间的可兼容性和排斥性是提升空间包容性的关键所在。使用者的"需求差序"可以对不同使用者需求进行更深入、更清晰化的认知，明确个体的需求优先次序，对比不同使用者差序特征关系，并以此为依据为建构包容性城市公共空间提供有效、可行的途径。

该概念的提出旨在为城市公共空间包容性研究提供一种可以依据需求的层级关系进行认知和度量的方法，以此来探索包容性提升的途径。以弱势群体视角为例，该概念下的城市公共空间设计不再是单纯追求满足弱势群体需求，而是明确不同类型场地中的主导使用群体，并从弱势群体视角出发，对比其间需求差序关系，明确两者需求的可兼容性与排斥性，寻找空间中最优需求差序路径。以此为依据，对不同场地进行对应程度的、有层级性的弱势群体适应性设计，进而达到满足空间差异化需求、激发空间包容性的目的。

3.1.4　需求差序化的意义

传统的研究方法是通过定量化的研究分析得出定性的结论。然而，在需求差序概念框架下的研究过程则更表现为定性——定量——定性的三步过程。其中第一步定性主要指对使用者需求进行差序化归类，第二步定量指基于上一步的差序结果进行定量化分析，第三步定性指在以上分析的基础上得出结论。

由此可以看出，概念框架下的研究步骤多出了第一部分的定性过程。其原因在于人的需求存在复杂性和多样性，若单以定量化的方式对这样的需求进行表述与研究会存在局限。需求差序化的目的就是将具有复杂性的需求进行等级化的分层归类，以此来表达和分析使用者的需求特征与趋势。需求差序概念建构的前提就是承认马斯洛所提出的需要层次理论，个体在城市公共空间活动的过程中，由于时间、空间及个人精力的限制，在满足自身需求的过程中也存在着次序限制。直接通过统计数据反映出的定性结果，由于缺少分层归类的过程，在进行不同群体的对比分析时可能会与使用者需求的层级性关系产生矛盾或歧义。

需求差序化的过程虽然缺少了直接以量化数据进行分析的精确性，但在对使用者需求特征及趋势的表述过程中更为严谨，能够有效地化解需求复杂性和主观性造成的认知、统计和表述困境。

3.2 需求差序的基本属性

需求差序可以被理解为使用者对城市公共空间不同需求的价值和重要性排序。影响需求差序的原因是多样的，可以是个体价值观的展现，也可以是基于对自身活动能力的考量，或者是对外部环境的应对。不论受制于何种原因的影响，需求差序都具有以下四种基本属性，即层级性、差异性、矛盾性和同一性。

3.2.1 层级性

层级性是需求差序建构的前提。马斯洛的动机理论揭示了人类需要的层级性特征。低层次需要得到满足后，其他更高层次的需要就会出现，而人类需要始终处于这种由低到高递进的动态之中。需求差序作为动机理论的一种推论，同样反映出了城市公共空间中使用者需求的层级性特征。使用者对场地功能、环境质量、可达性等方面的需求都列属于需求差序的范围之中。以城市公园为例，如果某一公园不具备良好的可达性，那么居民对公园内环境质量、活动功能的需求都可能会置于可达性需求被满足或得到一定程度的满足之后。与动机理论不同的是，需求差序的层级性旨在反映使用者对城市公共空间的各种需求，这种需求的层级关系并不能明显反映人类根源性的需求特征。正如城市公园的案例中所示，可达性的需求可能是满足其他需求的前置条件，但并不能明确反映人类根源性需求的高低层次。需求差序的层级性可以是来自于需求的条件关系，也可以是单纯的使用者主观价值排序的体现。

3.2.2　差异性

城市公共空间中不同使用者的需求差序特征存在着差异性。城市公共空间中使用者的需求差序与马斯洛的需要层次的不同之处在于，后者是人类类似于本能的根源性特征，前者是后者在具体环境中的具体现象，且现象所具有的多样性也存在于城市公共空间使用者的需求之中。个体与个体的生理机能状态、主观意愿和受到的外部环境压力并不相同，因而也导致了其需求差序的差异性。个体对空间活动内容的选择、对环境质量的要求、对空间内某要素的偏好等都能够体现出个体之间需求差序的差异(如图 3.2 和图 3.3 所示)。比如，在公园活动的人群，有些人倾向于参与带有交往性质的集体健身活动，而有的人更愿意独自利用健身器材自己锻炼。虽然都是在进行健身活动，但在活动过程中满足的需要却存在差异，除了同是满足康体需求之外，前者对人际交往的需求要比后者更为明显，也可以说前者对交往的需求相对于后者而言位于需求差序的更前端。

图 3.2　偏好乒乓球运动的中老年人

图 3.3　偏好篮球运动的青年人

3.2.3　矛盾性

　　人类之间产生矛盾的前提首先便是差异与分化的出现，需求差序的差异性也同样导致了空间中使用者需求矛盾出现的必然性。在同一空间中，不同使用者受制于有限的时间、空间与个人精力，在共享使用空间的过程中，在需求差异与有限资源分配的共同作用下便有可能发生矛盾冲突。这种矛盾可以是明显的，比如活动能力较弱的老年人在锻炼时往往选择一些温和的运动项目，而青壮年则可能倾向于带有刺激性、对抗性的运动项目。在同一空间中，后者会对前者造成安全威胁，即老年人对安全的需求与年轻人对刺激的需求产生了矛盾(如图 3.4 所示)。老年人对安全的需求相对年轻人而言会位于需求差序的更前端，当位于前端的需求产生矛盾时，矛盾的表现便会越发明显。这种矛盾也可能是潜在的，比如对空间景观审美的差异性，当场地过于倾向于某一类群体审美时，可能会削弱其他群体对该场地的喜好程度。不同使用者之间，同一需求在需求差序中排序差距过大就有可能引发这种矛盾。使用者在公共空间中，都存在着对满足自身需求不同程度的妥协，而需求越是位于需求差序的前端，可妥协的余地就越小。场地设计如不能有效化解这种难以妥协的需求，便会突显不同使用者之间需求的矛盾，轻则会削弱空间的使用效率，重则可能促使极端事件的产生。

图 3.4　产生冲突的儿童与中老年群体

3.2.4　同一性

正如角色理论所描述的那样，每个人的一生都在扮演着多种角色，而大多数人所扮演的角色又相近似，为人子女、为人父母、成为社会生产的贡献者……在相近的教育背景、社会经历等的影响下，人们所形成的价值观也在一定程度上相近似，年龄分层理论中构建的"同期群"概念也正是源于这种角色的相似性。需求差序的同一性正是这种"近似"在城市公共空间需求层面的体现。观察户外活动的老年人可以发现明显聚集性(如图 3.5 所示)。经历过同一历史阶段的老年群体，其价值观和兴趣偏好也存在一定程度的趋同，加之同样逐渐衰退的生理机能与活动能力，使得老年人对城市公共空间的需求差序有着同一性。对场地安全的需求、对活动内容的需求等，这些相似的需求促使老年人更容易形成活动群体。当然，不同人群之间也存在着需求差序的同一性，比如同样爱好乒乓球的少年与老年人会在同一场地内共同活动。两者对于空间中的其他需求可能存在差异，但对于乒乓球活动的需求促使两种不同个体产生联系。

同一性可以是使用者整体需求差序的近似，也可以是某一个需求所处次序位置的近似，越是位置靠前的需求越容易存在同一性，不同使用者越容易产生共鸣。如何有效利用不同使用者需求差序的同一性是提升城市公共空间包容性的关键突破口。

图 3.5　一同下棋的老年人们

3.3　需求差序的五个维度

使用者在空间中所展现出来的行为现象会遵从于其形成的需求差序，当一个人决定了在何时、何地进行何种活动，在场地内与何物产生关系都是其意识或潜意识进行抉择、排序后的结果。使用者在城市公共空间中的需求差序主要可以从时间维度、空间维度、功能维度、环境维度和人际维度这五个维度进行观察与诠释。

3.3.1　时间维度

对于人类个体而言，每个人的时间资源都是有限的。人们的吃饭、起居、工作等活动都必须在一日的二十四小时这有限的时间内完成，没有个体可以跳脱出时间的限制。按照从事的内容可以将人们的时间大致分为四类，即工作时间、生活必须时间、家务劳动时间和休闲时间(如表 3.1 所示)。不同个体对时间的分配有所差异。影响个体如何分配时间的因素是多样的,生活方式、性别、受教育程度、所从事工作、收入等都对其产生着不同程度的影响。花费时间从事某一件事,不仅意味着所从事事情本身的消耗,还要协调其他事情所需要的时间,如何分配时间、从事某件事的时间与时长都在一定程度上反映了个体或某一类群体对不同需求的价值判断。有学者对北京市居民游憩时间分配进行了观察研究,发现工作和家务劳动时间会占用个体的游憩时间。另外,学历越高者对游憩时间的投入越少。可以发现,居民在满足自身游憩需求的同时也要与工作、家务劳动的需求进行协调。高学历群体相对低学历群体而言,有着其他比游憩需求更为优先的需求需要满足。对比不同年龄阶段居民对时间的分配可以发现,中国居民的休闲时间会随着年龄的增长呈现出由多到少再到多的"U"型变化。不同年龄阶段每个人所扮演的社会角色与承担的社会义务有所不同,因而对于满足不同需求所投入的时间也不同,从分配时间的长短可以发现同类群体需求价值判断的共性。

表 3.1　时 间 的 分 类

时间类型	时间分配内容
工作时间	制度内工作(学习)时间、加班(课)加点工作时间、其他工作(学习)时间、通勤时间……
生活必须时间	睡眠、用餐、个人卫生、就医保健……
家务劳动时间	购物、做饭、洗衣服、照料孩子和老人……
休闲时间	阅读、看电视、玩手机、游憩、锻炼、公益活动、探亲访友……

使用者对城市公共空间的需求差序同样可以从时间维度反映。城市公共空间是承载居民活动的重要场所,无论是主动参与其中还是不得已路过,城市中绝大多数人都会与其产生联系,使用者在空间中进行活动的时段、时长都在不同程度上反映了其对空间的需求差序。以扬·盖尔的户外活动分类为例,除了必要性活动外,个体对某类自发性活动和社会性活动所投入的时间越长,说明满足此活动的需求越位于需求差序的前端。比如,运动场里的篮球爱好者更愿意把时间用于篮球运动而不是其他运动项目,说明其需求差序中篮球运动的需求位于其他活动需求更前端。除了投入时间长短之外,个体活动所选择的时间段也是其需求差序中各种需求协调后的结果。观察武汉老年人户外活动时间分布可以发现,老年人日常的户外活动有着明显的时域性,通常集中在上午八点至十点左右和傍晚的七点半至八点半左右。这种有着明显时间规律的生活方式,

正反映了老年人在需求差序影响下长期养成的生活习惯。老年人在满足了诸如家务劳动等需求后，会选择气温、日照相对适宜的时段外出活动。从需求差序的角度看，老年人活动的时域性特征，是老年人对户外活动需求、适宜的气温和日照的需求和家务劳动需求等协调排序后的结果。

3.3.2　空间维度

需求差序的空间维度主要体现在使用者在进行不同活动时对对应空间使用距离需求的排序关系之中。使用者对城市公共空间的使用存在就近原则，相同功能的场地，个体会更倾向于使用距离较近的。对于不同类型的场地，使用者能够忍受的使用距离是存在层级性的。比如，日常的健身活动，居民更愿意选择住区附近的场地进行，而类似灯展、花展等事件性活动，居民则更容易忽略距离的远近而前往。使用距离需求的差异主要受到活动意愿和活动能力两方面的影响。

(1) 活动意愿方面。

距离对于使用者来说是一种无形的障碍。当使用者决定去某地活动时，距离的远近与活动意愿会形成一种相互博弈的局面。满足需求的意愿越强烈，距离对其形成的阻碍作用越小；反之，则越大。比如，热爱足球的青年可能会放弃较近的公园、广场而专门去一个距离较远的专业足球场地活动。或者当人们想要参与一项无关紧要的活动时，也可能因为距离过远而放弃。

(2) 活动能力方面。

距离会限制使用者的活动能力。城市居民的离家活动范围大致可以分为邻里、日常去的空间、城市地区和世界范围几个层次(如图 3.6 所示)。大多数情况下，随着活动距离的增加，居民的活动频次也会随之衰减。在对深圳、上海和北京三座城市的老年人休闲活动调查中发现，老年人外出休闲活动主要集中在距离住区 1 km 左右的范围，随着距离的增加活动人次比例也随之减少。此外，使用者活动能力的强弱也会影响其所能接受的使用距离的远近。过远的活动距离对使用者而言是一种过高的外部环境压力，而活动能力差异会对这种外部环境压力的适应性产生影响。活动能力的差异还会对出行方式产生影响，不同的出行方式又决定了通行的效率与便利程度。比如，可以自驾出行的年轻人相对于只能步行或搭乘公共交通的老年人而言，其出行方式的选择就更多，而行动不便利的失能者外出时则不得不依赖辅助工具或陪护人员的参与。

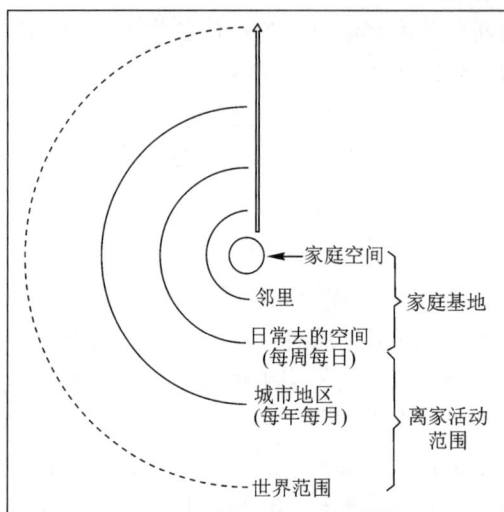

图 3.6　离家活动范围层次

3.3.3　功能维度

使用者对城市公共空间功能方面的需求也存在差序关系。"城市公共空间系统是城市社会系统的各个子系统的相互作用关系在城市土地上的投影"。作为城市复杂巨系统的子系统，城市公共空间承担的社会功能也具有复杂性和多样性。以《雅典宪章》所提出的功能分区理论为依据，城市公共空间按照功能大致可以分为居住型公共空间、工作型公共空间、交通型公共空间和游憩型公共空间四类(如表 3.2 所示)。不同空间承担的社会功能不同，同类空间中除了空间的主导功能外，还存在着各种各样的附属功能。比如作为通行空间的街道，也在一定程度上满足了居民社交的需求。使用者对城市公共空间的需求并不是平均的，而是存在着差序关系，使用者活动时基于空间功能而进行的选择便是这种差序关系的体现。一方面，在面对不同功能类型的城市公共空间时，使用者会优先选择具有与自身需求对应的功能的空间。比如喜好篮球的人会优先考虑在专业的篮球场地进行活动，而不是一块空旷的运动广场。另一方面，在同一场地中，使用者会优先满足位于需求差序前端的需求，之后才会对其他附属功能提出要求。与马斯洛动态的需要层次理论一致，当篮球爱好者的打篮球需求被满足后，其对设施质量、能否满足社会交往、环境是否优美等新的功能的需求才会陆续出现。从需求差序的角度看，城市公共空间的主导功能是否与位于需求差序前端的主要需求相匹配，是影响使用者选择不同类型空间的重要因素，而在满足了主要需求之后，使用者才会陆续出现对于各类附属功能的需求。

表 3.2　城市公共空间功能分类

功能类型	对　应　场　地
居住型公共空间	社区中心、绿地、儿童游乐场、老年活动中心……
工作型公共空间	生产型(工业园区公园、绿地)、工作型(市政广场、市民中心广场、商务中心午餐广场)……
交通型公共空间	城市入口(车站、码头、机场等)、交通枢纽(立交桥、过街天桥、地道)、道路节点(交通环岛、街心花园)、通行性空间(商业步行街、林荫道、滨湖路)……
游憩型公共空间	休憩和健身(中央公园、绿地、度假中心、水上乐园)、商业娱乐(商业街、商业广场、娱乐中心)……

3.3.4　环境维度

环境维度中的"环境"主要指构成城市公共空间的物理环境要素。"环境"不仅体现着空间场地的景观质量，还是使用者满足自身需求的重要物质媒介。公园中，残障人士会优先关注场地中的无障碍设施是否完善，当基本的无障碍需求被满足后，他们才会开始关注场地中植物是否优美、雕塑是否有艺术性等。而这一切需求都需要环境要素作为媒介才能满足。风景园林学中构成场地空间的要素包含地形、水体、道路、场地、建筑和园林设施七大类(如表 3.3 所示)。综合各要素的作用、功能可以发现，其所对应的使用者需求可以归纳为：安全需求、审美需求、认知需求和活动需求四大类。在场地空间中，不同环境要素所能发挥的作用和功能是存在侧重和差异的。此外，使用者对各环境要素的认知偏差加深了这种差异化。比如，普通人对地形、水体的认知更多以直观的景观作用为主，而专业的设计师会考虑地形、水体在塑造空间或生态效益等方面发挥的作用。对于使用者个体而言，不同环境要素所展现出来的作用和功能是存在差异的，使用者会基于自身需求差序对各种环境要素表现出不同的需求排序。同样以残障人士为例，其对无障碍设施这一环境要素的需求重视程度要远比植物、水体等环境要素要更高。此外，同一要素所具备的作用和功能是复合的、多样的，使用者对同一要素不同作用的需求也存在差序关系。以道路为例，道路不仅承担着组织交通的作用，道路铺装的样式以及材料的选择还关系到道路的美观与安全。一个老年人更在乎雨天道路是否容易滑倒而不是铺装样式的设计，那么就可以理解为老年人需求差序中对道路安全的需求位于美观需求的更前端。

表 3.3　风景园林空间构成要素

环境要素	作用、功能与设施分类
地形	景观骨架作用，构成空间作用，背景作用，造景作用，景观作用，工程作用，实用功能
水体	统一作用，系带作用，景观焦点作用，环境作用，实用功能
道路	组织交通，引导游线，组织空间，工程作用
场地	景观构建作用，人文构建作用，实用功能
植物	构建空间作用，观赏作用，生态作用
建筑	使用功能，成景功能，观景功能，组织游线
园林设施	交通设施，休息设施，照明设施，信息类设施，管理设施，卫生设施，装饰性设施，体育运动设施

3.3.5　人际维度

　　具有公共属性的城市公共空间的服务对象并不是单一的个体，而是千差万别的人群，不同个体在共享场地的过程中不可避免地会产生联系。个体与个体之间的联系可以是紧密的，也可以是松散的，甚至有时还是互相排斥的。需求差序的人际维度主要体现在个体对与其他个体产生关系的不同需求程度之中。在公园中，成群活动的老年人，带着儿童嬉戏的家长，一起打篮球的青年等，都在一定程度上反映出了个体在活动过程中与其他个体产生关系的选择性。此外，*The Hidden Dimension* 一书中将人与人之间的距离分为亲密距离、个人空间距离、社交距离和公共距离。个体会基于与其他个体关系亲密程度的不同而展现出不同的互动距离，这种在微观尺度下所展现的领域行为在一定程度上从行为的角度反映了个体与其他个体之间联系紧密程度的差异性，它也是需求差序于人际维度行为现象的体现。

　　在城市公共空间中，人与人之间的联系受到人际关系、主观偏好和客观条件三方面的影响。

　　(1) 人际关系的影响。

　　在社会学中，人与人产生联系主要是受到了血缘、地缘、业缘和趣缘四方面的影响。家庭角色、生活的地域、工作和个人兴趣存在共性的情况下更容易让人们产生联系，费孝通在《乡土中国》一书中就揭示了我国居民基于血缘和地缘而形成的差序格局关系。在城市公共空间中，人与人之间的联系也依然受到这四个方面的影响，在同一空间中发生联系的对象、对其他个体的接纳程度也因而不同。比如，相对陌生人而言，人们更愿意与自己认识的人一起活动，而且更容易迁就、包容与自己有着更紧密联系的人。

（2）主观偏好的影响。

与趣缘带来的影响类似，但在城市公共空间中主观偏好不只局限于个人的兴趣爱好，还包括对场地各个要素的偏好。有着共同偏好的使用者在选择活动空间时也会基于其偏好而进行选择，具有相似偏好的使用者也更容易聚集于具有此类特征的空间中，进而增加产生联系的概率。

（3）客观条件的影响。

在城市公共空间中，某些群体之间进行的活动内容存在不兼容情况。加之设计师在设计过程中也会有意识地将不兼容的活动内容进行空间上的分化，因而客观的活动条件在一定程度上影响了使用者与他人产生联系的选择。

3.4　"概念"应用的价值观导向

本书建构的"城市公共空间需求差序"概念是基于空间中使用者需求的差异性与层级性来分析城市公共空间的包容性现状和探索空间的可包容性途径，这个"概念"不仅旨在提供一种基于使用者需求去分析空间包容性的研究方法，还试图为提升空间包容性提供一种设计依据。作为一种工具性的创新概念，其本身体现的更多是一种工具性特征，不带有价值观导向；但作为包容性理念在城市公共空间层面的衍生，"概念"在实践应用的过程中依然应当依据包容性理念价值观展开。

"概念"在指导城市公共空间发展实践的过程中应当体现三个核心价值观，即人本观、公正观和共享观。

3.4.1　人本观

人本观指以"人的需求"为根本出发点来进行对事物的思考或研究。文艺复兴时期，人本主义思想开始复兴盛行，旨在强调人的尊严与价值。我国城市正在经历的社会转型过程本质上就是由农业与工业的双重社会向后工业社会(信息社会)转型的过程，城市的作用逐步由原本的生产中心转变为信息中心和消费中心，而处于城市中的人，其地位与角色也在发生着相应的变化。在工业社会早期的大机器生产时代，在资本的主导下，城市作为生产中心一味地追求效率，操作机器的人常被视为机器的一部分，其内在需求也常为效率而妥协。工业社会早期宽阔、快速的机动车道，恶劣的城市环境都可以被视为这种妥协的例证。随着生产力的进一步提高，在新技术的推动下城市作用的转变使城市中人的地位和角色得到了转变，城市由生产中心转变为消费中心，城市中人的需求得到了前所未有的关注。《世界人权宣言》《国际人权公约》《联合国千年宣言》等无不体现了以人为本的价值观。城市不再是资本的机器，而是服务于人类活动的载体。城市公共空间作为城市空间的重要组成，同样是体现城市人本观的重要平台，人作为其终极的服务对象，使用者的意见往往才是解决相关问题的重要依据，但在城市更新的过程中这些意见常常被排除在外，合理的城市公共空间应摒弃形式主义、装饰主义等而以人的需求为发展建设依据。"需求差序"作为基于使用者需求而建构的概念，其本身存在的重要前提便是以人为本，而在指导实践的过程中也应当时刻围绕着这一前提展开。

3.4.2　公正观

公平、公正是包容性理念倡导的核心价值观，在老龄化和战后恢复的背景下，残疾人与老年人的需求受到了社会的进一步重视，长期服务于大多数人的城市开始关注弱势群体需求，力求让城市为弱势群体提供公平、公正的生存环境。一方面，城市公共空间作为城市发展的成果，在分享成果的过程中应当秉持公平、公正原则。另一方面，城市公共空间作为体现城市主流价值观的物质平台，理应利用自身的载体性质来表达公平、公正的价值观，让各类人群在空间中拥有平等的权利和机会，而且"空间正义表达同时也创生着社会正义"，秉持公正的发展观念有助于社会整体进入均衡发展的良性循环之中。城市公共空间具有的公共属性明确了其服务对象的多样性和广泛性，因此在发展建设过程中应当提倡理性的公正观，避免将某一类群体需求过分夸大，综合考量各类群体之间需求的关系，做到物尽其用，防止公平、公正的美好价值观流于意识形态纷争。"概念"提出的目的在于明确空间内不同群体差异化需求的关系，进而为设计者提供设计依据，做到在保证弱势群体基本需求的前提下，让各类空间服务于真正的终端使用者。

3.4.3　共享观

列斐伏尔指出人人都应该追求"都市生活的权利"。城市生活权利便是指在城市中生存和获得对公共空间共享的权利。城市公共空间提供居民活动的公共资源，是人类城市发展过程中的重要成果，其所具有的公共属性要求居民可以共同享有。共同享有、共同使用不仅是一种状态，也应当成为城市公共空间在发展建设和使用过程中的一种观念。在人口密度较高的中国城市，"共享"则显得更为重要。共享被视为一种状态，其本身具有两面性，合理的共享能够促进使用者的和谐交流，反之则会引发冲突矛盾。随着居民生活水平的日益提高，居民需求愈发多样化，城市公共空间在设计和建设的过程中更应当将合理的共享观贯穿始终。场地中使用者需求的进一步认知是实现合理共享的前提条件，而"概念"则为认识这种需求提供了切实可行的认知方法，其目的就是为了在城市公共空间设计实践中贯彻合理的共享观。

3.5 概念框架下的实证调研方法

概念框架下的实证调研方法可以归纳为五个部分，分别为范围限定，空间分类与人群分类，需求差序体系建构，差异化群体对比分析，包容性途径归纳。

(1) 范围限定：城市公共空间是一个相对庞大且具有复合性的概念，从整体宏观尺度对其展开研究难以观察到使用者需求与空间的直接联系，因而在实证调研过程中本课题限定具体的研究范围，从相对微观的角度去进行观察。在概念框架下，除了空间范围的限定，还有时间范围的限定。空间范围限定一方面应当基于调研的可操作性，另一方面要能够有效反映调研内容所聚焦的核心问题。比如，可以限定为某一尺度范围内所有不同功能类型的城市公共空间，以便于从功能维度观察使用者的需求差序。抑或限定为具体某一场地，观察场地内不同区域使用者的需求行为。时间限定应当设定具体的单位周期时间，以便观察使用者从事活动的时间占比，从时间维度对使用者需求差序进行研究。利用时间和空间范围的限定可以有效排除调研内容中的干扰因素并聚焦研究问题。比如研究对象仅限于当地居民，则可以通过空间范围的限定排除旅游景区等城市公共空间，也可以通过时间范围限定来排除特殊节假日等时段，以免调研数据中包含大量游客需求数据，进一步提高调研效度。最后还要对研究的人群范围进行限定，理论框架下的研究方法旨在研究不同使用者的需求差异，但依然需要通过研究人群限定来突出所研究问题的主要内容。

(2) 空间分类与人群分类：框架下的实证调研需要对研究的空间与人群进行分类，一方面旨在聚焦研究问题，另一方面旨在为后期建构需求差序体系与数据对比分析提供依据。对空间或人群进行分类时可根据研究内容进行类型划分，如空间按照功能或环境特征、人群按照年龄或者性别等，但应当保证同类别有着明显特征依据。

(3) 需求差序体系建构：体系建构的目的在于清晰明了地了解不同群体对城市公共空间需求的差异，体系应基于空间和人群的分类，从概念框架的时间、空间、功能、环境、人际五个维度进行不同类型群体的实证调研和数据收集。比如，利用问卷法、观察法或轨迹追踪等方法去收集五个维度的相关信息。调研过程中不仅要收集使用者在客观环境中通过行为体现出的需求特征，还要充分了解使用者主观意愿是否与现状行为存在差异，利用主观和客观两方面的数据信息来确保调查研究的信度。

(4) 差异化群体对比分析：对比分析通过所建构的需求差序体系来明确不同群体的需求差序特征，利用层次分析法等，结合所建构体系来建立层次结构模型，将定性研究转化为定量研究，对同群体的需求差序进行量化对比，进而明确五个维度中差异化群体的需求差序差异和差异程度。

(5) 包容性途径归纳：包容性途径的归纳应基于上述差异化群体需求差序的量化对比分析结果，通过比对总结不同群体对于场地空间需求的排斥性和可包容性及其程度，进而为城市公共空间的包容性发展建设实践提供可靠依据。

第四章　城市公共空间需求差序实证调查

本章主要是对以西安典型性老年住宅区及其周边城市公共空间为研究范围的不同年龄群体进行的问卷、观察、访谈的具体情况及统计结果的介绍，旨在通过实证研究对城市公共空间中"谁在用(空间维度)""怎么用(功能、环境维度)""何时用(时间维度)"及"和谁用(人际维度)"等问题进行进一步了解，并以需求差序的形式对各年龄群体对城市公共空间的使用需求特征进行表述，为后续分析提供实证依据。

4.1　基于年龄分层的调研方法与概况

4.1.1　年龄分层的目的

城市公共空间中不同使用者的需求差异是本书研究城市公共空间包容性及其提升途径的主要切入点。虽然个体与个体间的需求差异是客观存在的，但以个体为研究对象，过于精细的研究内容无法准确反映普通大众的普遍需求。因此本书以年龄层为依据对使用者进行分类。基于老年学中的年龄分层理论，同年龄层中的不同个体对城市公共空间的需求更容易趋同，为如此分类提供了理论与现实依据。此外，年龄老化过程又普遍存在于每一个个体的生长过程当中，具有相当的普遍性。因此，以年龄层作为分类依据能够广泛地将城市公共空间使用者囊括其中。

4.1.2　研究流程与研究阶段

本任务实施的流程可以归结为三个主要阶段：第一阶段为研究前期的准备阶段；第二阶段为城市公共空间需求的多维度调查；第三阶段为数据的整理与分析。

第一阶段：研究前期的准备阶段

第一阶段作为正式研究之前的准备阶段，其工作内容主要包括搜集相关文献资料，明确研究内容、对象和范围，设计问卷和访谈内容以及现场预调研等。

首先，对国内外相关的文献资料进行搜集。笔者通过对文献的研读，了解了当下老龄化和包容性设计在城市公共空间领域的研究和发展现状；通过对研究现状的综合评述，进一步明确了本研究的切入点。除风景园林学以外，文献资料还涉及老年社会学、心理学、环境行为学、医学、城市规划学等多重领域。其中，老年社会学相关理论、需要层次理论、包容性设计理论、环境行为学相关理论是本研究的主要理论支撑。

其次，通过对文献资料的分析总结，掌握当前研究趋势，明确本研究的切入点，以此来进一步明确聚焦本书的研究内容，并进行研究设计。研究设计内容主要包括：确定研究的主要内容、研究方法、研究对象与范围。鉴于本研究需要大量的质性数据资料，笔者还对问卷、访谈内容以及观察方法进行了预设计。

最后，通过预调研，结合现实环境的观察与访谈，调整和优化问卷、访谈内容以及观察方法。此过程中，对观察区域的选择从最初拟选定的 27 处，排除、精简至 5 处。通过对研究范围的筛选，进一步突出了本研究的核心内容，排除了干扰因素。在预调研过程中，笔者对不同年龄群体各 5 人共计 25 人进行了问卷和访谈的预调研，通过反馈内容最终拟定了调查问卷中的 14 道问题，以及一份环境要素打分表。以拟定的问卷为基础，笔者再次发放了 50 份问卷以验证调查内容的合理性与可行性，通过反馈内容与意见，最终修改了其中 2 道题的提问内容以及 4 道题的提问方式，删除了 3 道题目，并修改了幼儿与儿童组问卷的提问方式。通过上述预调研的反复验证来确保最终调研过程能够达到研究目的，并具有切实可行性。

第二阶段：城市公共空间需求的多维度调查

第二阶段是正式的调查阶段，研究者以问卷调查、现场观察和访谈调查等方式对城市公共空间使用者展开了调查，从时间、空间、功能、环境和人际五个维度了解使用者的需求特征。由于本研究是在探讨群体之间的需求差异，因此研究对象并不局限于城市公共空间中的老年群体，还包括了其他各年龄群体。在调研样本数量方面尽量做到各群体样本数量一致，以便保持后期数据分析的客观性。

正式调查的内容主要包括了：

(1) 对城市公共空间使用者的活动时间规律和需求的观察与问卷调查。在预调查之后所选定的调研区域范围内，对城市公共空间使用者进行观察统计和问卷调研。通过对单位时间内不同群体的数量与活动时长进行统计，以及对使用者进行问卷调查，来了解各年龄群体在不同功能场地中的活动时间规律以及其对活动时间的主观需求。

(2) 对城市公共空间使用者就场地使用空间距离需求的访谈与问卷调查。该内容旨在了解各类使用者所能忍受的最远步行出行距离，以及对不同类型空间与其住宅距离的主观需求排序。

(3) 对使用者就不同功能类型空间需求程度的观察与问卷调查。该部分调查内容旨在了解使用者对不同主导功能类型的城市公共空间需求的规律和特征，主要包括：对预调研选定的各类功能场地进行的观察与统计以及针对性的问卷问题调查和访谈询问，以此了解使用者客观活动现状与主观使用需求两方面的数据信息。

(4) 对使用者就场地环境中各类要素需求程度的观察与问卷调查。不同环境要素承载着不同的功能，调研研究者通过观察对各类要素的使用情况进行深入分析，对各类场地中的常见要素进行打分并进行表格化处理，让使用者对各类要素的需求重视程度进行量化打分，以此掌握环境要素层面使用者对城市公共空间需求的特征及规律。

(5) 对使用者在活动时与其他人群关系的观察、访谈与问卷调查。该部分内容旨在了解使用者在城市公共空间中与其他使用者之间的相互关系。笔者一方面在选定的调研区域场地内对使用者进行观察统计，了解同一场地空间中不同群体的亲疏关系；另一方面，通过问卷及访谈调查了解使用者对其他群体的主观亲疏态度及其原因，以此掌握城市公共空间中不同年龄群体之间的相互关系。

第三阶段：数据的整理与分析

第三阶段是对上一阶段调研数据进行整理及对比分析，探寻城市公共空间包容性途径并研究相关设计原则及方法。

在第二阶段调查结束后，研究进入第三阶段。

首先，对第二阶段调查收集得到的数据进行整理，将访谈调查、问卷调查以及观察得到的实证资料进行进一步量化整理，并在此基础上按照年龄分组将所有数据进行分组。

其次，在对比各组数据数量的前提下进行补充调研，做到不同组内的数据数量相近，确保后续分析的客观性。

在完成数据整理与分组之后，需要将不同组的数据进行分析，以掌握不同年龄组在各维度中体现出的需求差序规律特征。

最后，以老年群体为主视角，利用层次分析、集合度量的方法对比其他年龄群体与老年群体在各维度中对于城市公共空间需求差序的异同程度，并以此为基础寻找老龄化背景下城市公共空间的可包容性途径，提出相关设计原则与方法。整体的研究基本流程基本如图 4.1 所示。

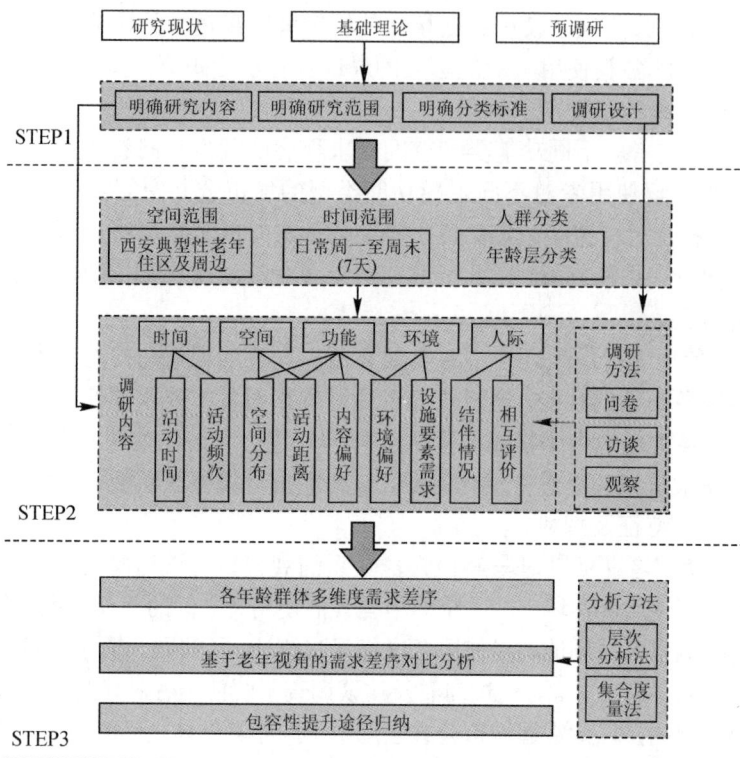

图 4.1　研究基本流程

4.1.3　研究范围限定

1. 人群范围限定与分类

本书研究内容的核心是城市公共空间的包容性，其切入点是不同群体在城市公共空间中的差异性需求。因此本书研究的人群总体是指西安地区有能力使用城市公共空间的所有使用者，样本人群指研究过程中接受过问卷、观察、访谈的所有使用者，并以此样本统计数据作为整体推论的数据支撑。

城市公共空间的最理想状态是能够有效满足每一个个体的差异化需求，但此愿景并不具备现实的操作性，且在研究过程中以每个独立个体作为分类标准不具有研究的可行性。因此，本研究以年龄分层理论与角色理论观点为支撑，结合联合国人群年龄分类标准与中国城市人口年龄实际情况，将研究的样本人群按照年龄分类为：0～3 岁幼儿，3～6 岁儿童，7～17 岁少年，18～40 岁青年，41～65 岁中年，66 岁以上老年六大类人群。如此分类的目的在于有效地增强年龄与社会角色的关联性，凸显老龄化的研究视角与背景，并切实提高实证研究的可行性。

2. 时间范围限定

实地观察研究的时间范围限定为天气晴朗、气温适宜的日常工作日与双休日，即周一至周日。本研究的重点在于分析不同年龄群体的城市公共空间需求异同，因此没有选择年单位的时间长度为观察时间范围，且排除了特殊节假日。这样一方面有助于排除气候变化对使用者行为的干扰，另一方面可以尽量排除特殊节假日期间外部使用者对人群样本的稀释，将观察对象更好地限定为调研区域范围内的不同年龄群体，突出本研究基于年龄分类的使用者需求差异，将观察内容进一步聚焦于不同年龄使用者的日常行为之中。

3. 空间范围限定与分类

研究空间的范围是指实证研究过程中观察、发放线下问卷以及进行访谈的空间范围。本研究选取了西安市五个住宅区及住宅区周围 300 米范围内(直线步行约 5 分钟距离)的城市公共空间作为具体的研究空间范围。预调研期间笔者选择了 27 处观察区域，经过排除，最终确定的研究范围中心住宅区分别是：A. 铁路局家属院、B. 迎春小区西区、C. 陕建机社区 1 区、D. 青年路第二社区、E. 西安碑林博物馆家属院。(如图 4.2 所示，下文以字母指代各调研区域。)

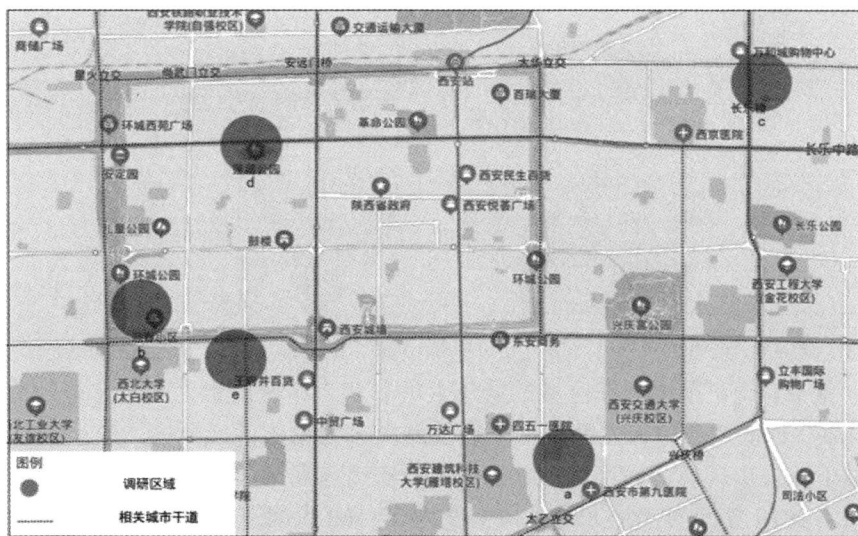

图 4.2 调研区域分布

　　为了将研究内容聚焦于不同年龄群体的需求异同，所选调研区域尽量为具有典型性的类似区域，以排除过多差异性因素带来的干扰。所选区域的典型性主要体现在以下三个方面：

　　首先，是住宅区性质，选取范围中心的住宅区主要以单位家属院和老旧住宅小区为主，其目的是确保老年人口数量以及最大可能地使调研的老年群体拥有类似的退休前职业背景、社会角色，以便排除此类差异造成的老年群体内部的更多差异，便于分辨不同年龄的需求差异。

　　其次，所选取区域范围内的城市公共空间类型也是重要的选择依据。调研区域的所有城市公共空间，大致可以分为五大类，即：小区活动场类，邻里街道类，市政道路类，商业街市类，公园和广场类(与问卷选项保持一致)。根据城市公共空间的主导功能，笔者在 5 类区域中又选取了 29 处具有代表性的不同功能类型场所进行实地观察研究(如图 4.3 所示)。

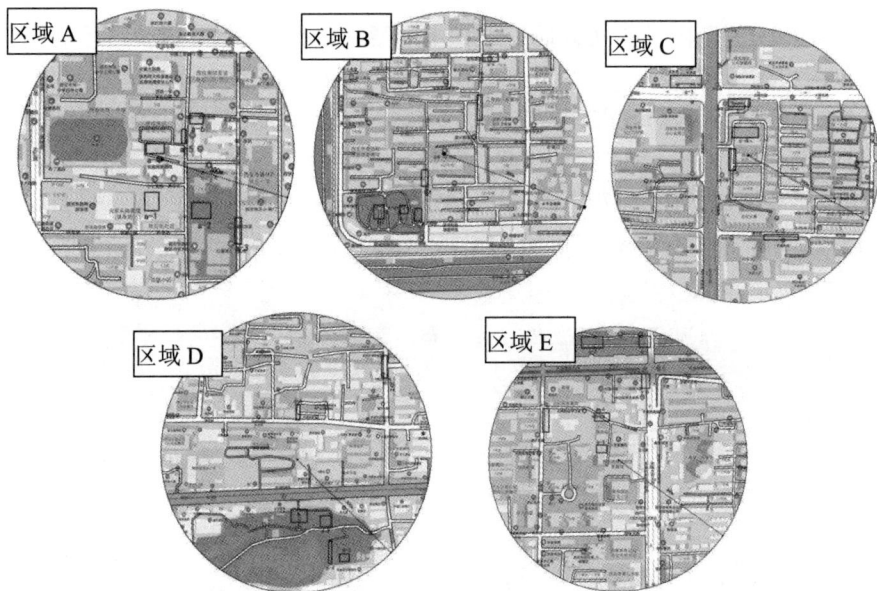

图 4.3　调研区域内具体场所分布示意(a1-a6、b1-b6、c1-c5、d1-d6、e1-e6)

　　最后，调研范围所在区域的老年人数量和人口密度也是突出典型性的重要指标，过低的人口密度会弱化包容性城市公共空间的必要性。所选区域 A、E 位于西安市碑林区，区域 B、D 位于西安市莲湖区，区域 C 位于西安市新城区。2019 年西安碑林区的人口密度为 22 560 人/平方公里，莲湖区人口密度为 25 511 人/平方公里，新城区的人口密度为 21 286 人/平方公里。

不同场地类型的划分标准：

(1) 小区活动场类：住宅区内部的户外活动空间。

(2) 邻里街道类：住宅区内的通行道路及外部的不以商业为主的非城市干道类空间。

(3) 市政道路类：城市主干道两侧的人行空间。

(4) 商业街市类：非城市干道，且沿街以商业为主的街道空间。

(5) 公园、广场类：城区内的公园及广场空间。

各调研区域及其内部场地简述详见附录-5。

各区域调研场所分类如表 4.1 所示。

表 4.1　调研场所分类

小区活动场类	公园、广场类	市政道路类	邻里街道类	商业街市类
a4	a1、a2 、a6	a3		a5
	b1、b2、b3	b5	b4	b6
c4		c1、c2	c5	c3
	d1、d2、d3、d4		d5	d6
e3	e1、e2	e5、e6	e4	

4.1.4　问卷、访谈和观察的基本情况

问卷：共发放调查问卷 2103 份，有效问卷为 1895 份。其中，老年组问卷为 315 份，中年组问卷为 323 份，青年组问卷为 336 份，少年组问卷为 308 份，儿童组问卷为 312 份，幼儿组问卷为 301 份。其中，儿童与幼儿组问卷为家长答复问卷(问卷内容详见附录-1、附录-2)。

访谈：实施访谈对象人数共计 61 人，其中老年 11 人，中年 9 人，青年 13 人，少年 8 人，儿童家长 10 人，幼儿家长 10 人。(具体访谈内容详见附录-4)。

观察调研：具体的观察调研时间为 8 月至 10 月，晴天，日最高气温为 31℃，最低气温为 15℃。每日观察时段为 7:00—24:00。每个区域观察绝对时长为周一至周日七天，每日 17 小时，共计 595 小时。多为连续的七日观察，其中气温及天气未符合观察标准的则以其他周的同日补充调研数据进行替换。

4.1.5　研究信度与效度的控制

信度与效度是社会测量学中的重要概念，信度(Reliability)即指测量的可靠

性，当采用同一种方式对对象进行重复测量时，其所得结果的一致程度，即测量数据的可靠程度。效度(Validity)即指测量的有效性程度，反映测量过程中的测量工具和方法能否准确测出所需测量事物的程度。

本研究通过对研究方法设计、研究对象的范围控制以及调研工具的选择等方面来确保其信度与效度水准。

1. 互补的研究方法

本研究采取了多种互补性的研究方法，以便更好地控制研究的信度与效度。首先，笔者使用了文献研究与社会调查相结合的研究方法，通过对已有文献的整理与研读掌握了当前研究现状下与本研究相关的理论成果，并结合大量的社会调查进一步验证了文献理论在本研究范围内的真伪与差异。前者有利于笔者对研究问题形成科学性、系统性的认知，后者有利于笔者以现实情况为依据，提升研究的真实性，两者相互补充、完善。其次，本研究采用了定性研究与定量研究相结合的方法，将研究主体对象的主观定性判断通过统计分析和层次分析等方法进行量化处理，将使用者主观的感性需求转换为理性判断，以此来提升研究的信度。最后，研究还采用了主、客观互补的研究方法，一方面通过访谈、问卷来收集调研对象的主观需求数据，另一方面通过观察统计来收集调研对象的客观行为规律，两者相互补充，以避免需求与现状差异过大而造成的研究干扰。

2. 研究对象范围的典型性与相互匹配

老年群体与其他各年龄群体对城市公共空间的需求差异是本研究的主要切入点，笔者通过突显调研范围的典型性和提升不同调研区域之间的匹配程度来确保该切入点的研究效度。调研区域范围的典型性主要体现在以下几个方面：

首先是范围中心住宅区的属性。老年群体的户外活动更多受到生理机能的限制，因此老年人外出活动的范围多临近于住宅，在此基础上调研区域多以老旧家属区为调研区域范围的中心。

其次，调研区域内的活动人群不能仅限于老年人，还应当存在大量的其他年龄群体，为此调研范围选择了西安市人口密度相对较高的区域。

最后，研究区域的选择还对所选住宅区周边的城市公共空间类型与类型数量存在要求。虽然最终调研区域确定为 5 个，但实质还是在探讨同一问题，因此 5 个不同调研区域应具有较高的匹配程度。本研究通过对家属区性质以及周边空间类型与类型数量限制来提高匹配程度。

3. 测量过程的严谨性

为确保研究的信度与效度,研究所需的测量数据应当具有相当的信度与效度,其间严谨的数据测量过程必不可少。本研究在测量方法上尽可能地选择了具有统计意义的观察、问卷和访谈测量。观察测量过程尽量避免从观察者主观视角对观察对象的行为规律进行归纳,更多选择通过客观的数据统计来进行研判。问卷与访谈调查则通过扩大样本数量来确保测量数据所反映规律性结论的真实性。在测量工具方面,本研究通过在预调研、正式调研、补充调研和数据筛选四个阶段对调研的问卷、访谈的内容、提问方式、样本数量进行不断的完善和补充,来提升测量工具的有效性。

4.2 各年龄群体时间维度实证调查

不同使用者对城市公共空间的使用时段、时长及频次存在差异,本节从时间维度对不同年龄群体进行了观察、问卷统计。调查以一周为单位统计时间,对使用者的使用频次及日常周内、周末每日不同时段使用人次进行统计(每小时统计一次),从客观现状及主观需求两方面了解年龄差异化群体对城市公共空间需求差序在时间维度的体现。

4.2.1 各年龄群体活动时段分布

1. 一周内各年龄群体在城市公共空间活动的时段分布

(1) 调研区域 A 的 6 个观察场所中,不同年龄群体对城市公共空间的使用的时段分布(一周每日均值)如图 4.4 所示。

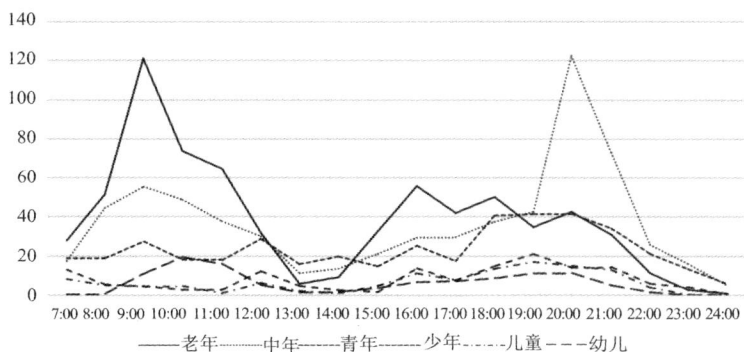

图 4.4 区域 A 各年龄群体活动时段分布(一周每日均值)

(2) 调研区域 B 的 6 个观察场所中，不同年龄群体对城市公共空间的使用的时段分布(一周每日均值)如图 4.5 所示。

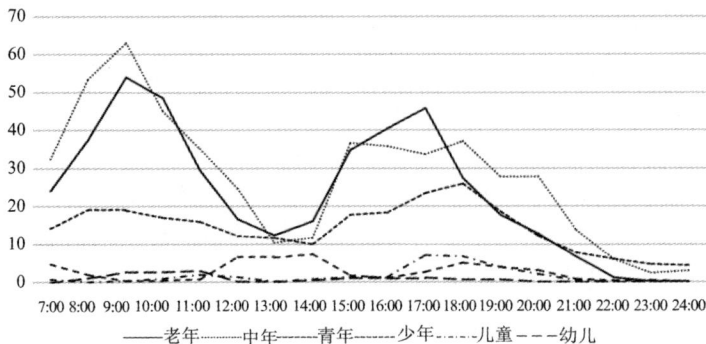

图 4.5　区域 B 各年龄群体活动时段分布(一周每日均值)

(3) 调研区域 C 的 5 个观察场所中，不同年龄群体对城市公共空间的使用的时段分布(一周每日均值)如图 4.6 所示。

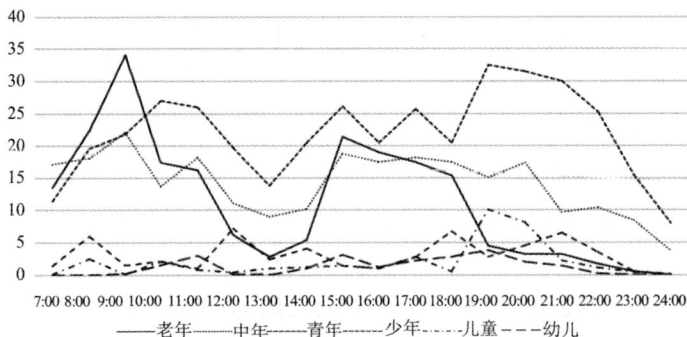

图 4.6　区域 C 各年龄群体活动时段分布(一周每日均值)

(4) 调研区域 D 的 6 个观察场所中，不同年龄群体对城市公共空间的使用的时段分布(一周每日均值)如图 4.7 所示。

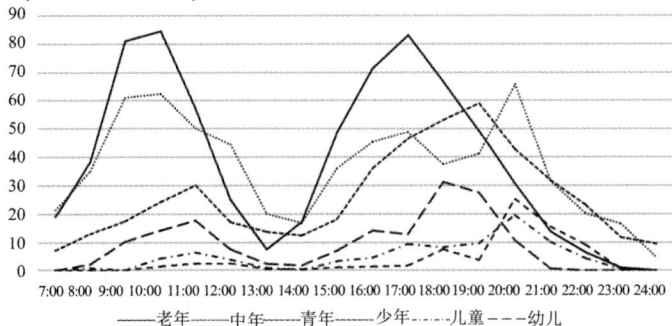

图 4.7　区域 D 各年龄群体活动时段分布(一周每日均值)

(5) 调研区域 E 的 6 个观察场所中，不同年龄群体对城市公共空间的使用的时段分布(一周每日均值)如图 4.8 所示。

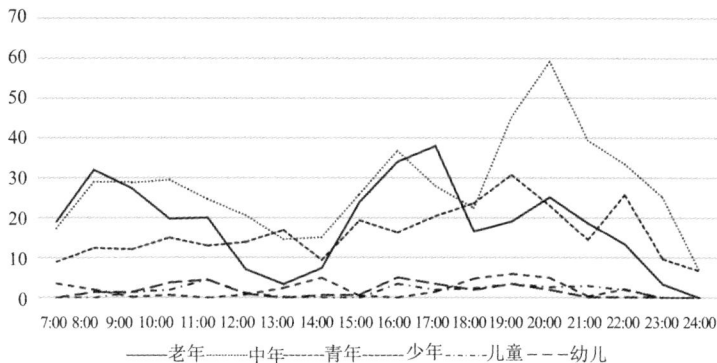

图 4.8　区域 E 各年龄群体活动时段分布(一周每日均值)

综合五个区域 29 个场所的观察统计可以发现，不同年龄人群的活动时段存在以下特征：

第一，老年人与中年人活动时段有着明显的早、晚两处高峰。早高峰主要集中于 9:00—10:00，而晚高峰老年群体主要集中在 15:00—18:00，中年群体相对持续时间更长，多在 21:00 结束。

第二，青年群体活动时段没有明显的集中时段，但具有持续性和活跃性。

第三，少年、儿童及幼儿群体在城市公共空间中的活动活跃度较低，且没有明显的集中时段。

第四，老年、中年和青年群体的活动活跃度要远高于少年、儿童。

2. 周内、周末各群体城市公共空间使用时段分布对比

下文数据以调研区域 A 中的 6 个场所统计数据为例，其他区域统计结果具有相似性，具体数据详见附录-6 和附录-7。

(1) 老年群体周内、周末活动时段分布对比如图 4.9 所示。

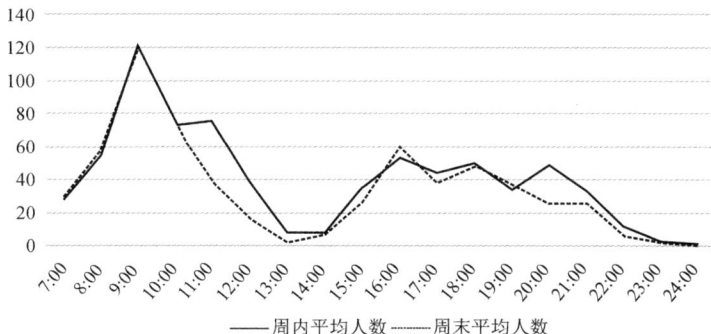

图 4.9　A 区域老年群体周内、周末活动时段分布(日平均值)

(2) 中年群体周内、周末活动时段分布对比如图 4.10 所示。

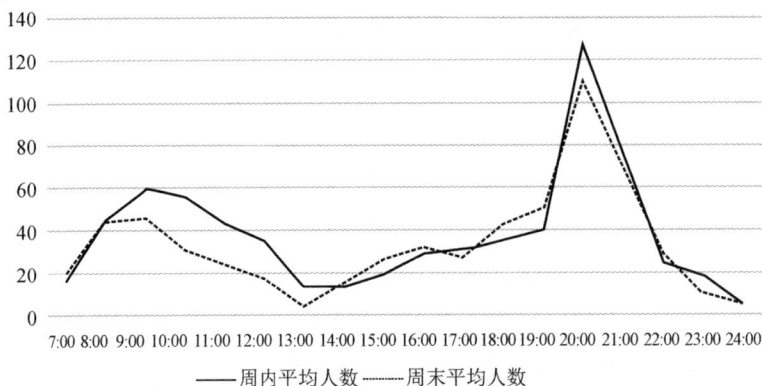

图 4.10　A 区域中年群体周内、周末活动时段分布(日平均值)

(3) 青年群体周内、周末活动时段分布对比如图 4.11 所示。

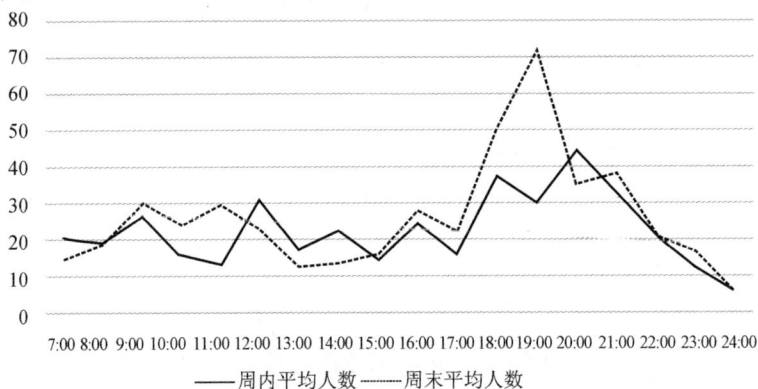

图 4.11　A 区域青年群体周内、周末活动时段分布(日平均值)

(4) 少年群体周内、周末活动时段分布对比如图 4.12 所示。

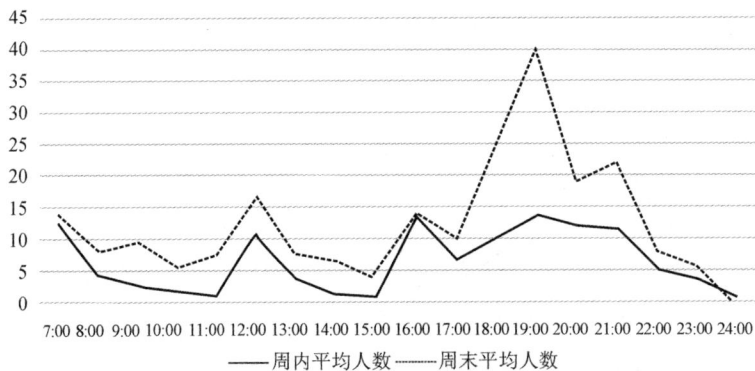

图 4.12　A 区域少年群体周内、周末活动时段分布(日平均值)

(5) 儿童群体周内、周末活动时段分布对比如图 4.13 所示。

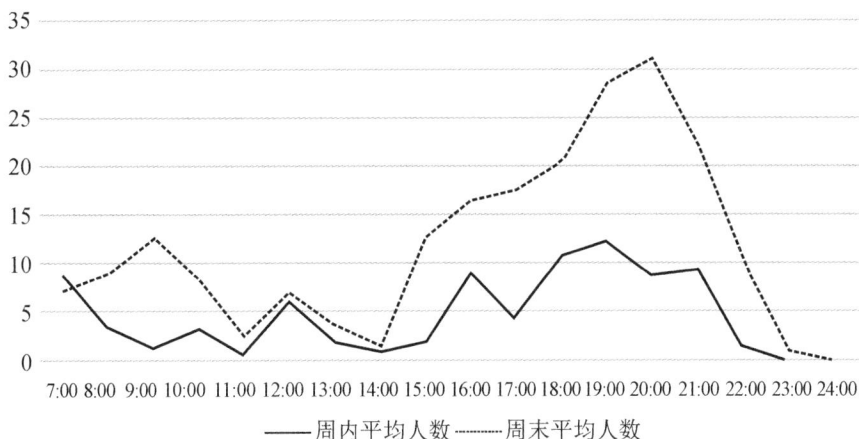

图 4.13　A 区域儿童群体周内、周末活动时段分布(日平均值)

(6) 幼儿群体周内、周末活动时段分布对比如图 4.14 所示。

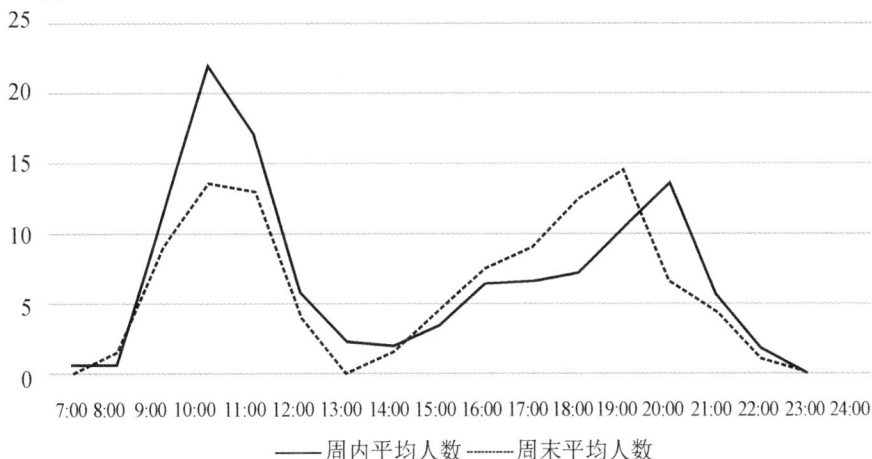

图 4.14　A 区域幼儿群体周内、周末活动时段分布(日平均值)

综合以上统计数据可以发现：

第一，老年、中年、幼儿群体周内、周末活动时段分布规律具有相似性。

第二，青年、少年、儿童群体周末活动活跃度略高于周内，且主要集中于 17:00—21:00 之间。

3. 关于"您平日户外活动集中在什么时段？"(多选)的相关数据

该问题的问卷回复统计如图 4.15 所示。

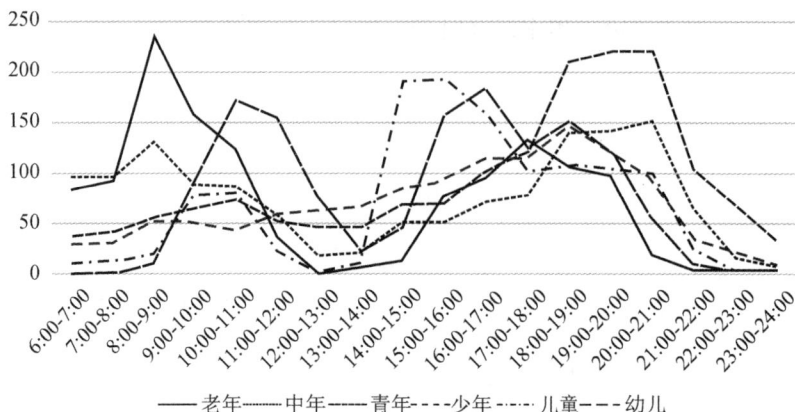

——老年—— 中年—— 青年 - - - 少年 - · - · 儿童 — — 幼儿

图 4.15　各年龄群体活动时段选择

相对于观察统计数据，问卷的回复数据更能显示出不同年龄使用者在使用城市公共空间时段上的主观意愿，也可以进一步得知各年龄群体使用时段的重叠情况。

分析以上数据可以发现：

第一，问卷数据与观察数据有一定的相似性，进一步验证了数据的准确性和可信度。

第二，老年与中年群体在城市公共空间的活动时段具有相似性，众数主要集中于 8:00—10:00 和 18:00—20:00，中年主要活动时段略有延长。

第三，老年、中年、青年和少年的活动高峰在 18:00—19:00 出现重叠，说明该时段是这四类群体共同偏好的活动时段。

第四，儿童、幼儿的活动时段具有相似性，且活动时段高峰与其他年龄群体不同，主要集中在 10:00—11:00 和 15:00—16:00 两个时段。

4.2.2　各年龄群体活动发生频率

根据"您日常户外活动的次数？"这一问题的问卷回复数据的统计结果可以看出不同年龄群体的户外活动频次存在差异，具体数据如图 4.16 所示。

从数据中可以看出，不同群体对活动频次的选择有着较大的差异性。其中，老年、中年、儿童和幼儿群体对于高频次(每日一次、每日多次)选项的选择数量占了更多比重，而青年群体、少年群体则多以"每周一至三次"选项为主。活动频次的统计在一定程度上反映了各年龄群体对城市公共空间使用的需求程度，问卷数据显示老年、中年、儿童和幼儿群体对城市公共空间的使用需求程度更高。

老年人户外活动频次

不外出活动:0.2%
多月一次:0.8%
每月一次:1.41%
每周一次:1.11%
每周1-3次:4.42%
每日多次:41.81%
每日一次:50.25%

中年人户外活动频次

不外出活动:0.8%
多月一次:1.51%
每月一次:1%
每周一次:5.52%
每周1-3次:22.39%
每日多次:34.74%
每日一次:34.04%

青年人户外活动频次

不外出活动:3.01%
多月一次:3.31%
每月一次:6.43%
每周一次:14.56%
每周1-3次:34.84%
每日多次:13.75%
每日一次:24.1%

少年人户外活动频次

不外出活动:1.21%
多月一次:0.4%
每月一次:5.52%
每周一次:20.98%
每周1-3次:41.97%
每日多次:10.24%
每日一次:19.68%

儿童户外活动频次

多月一次:0%
不外出活动:0%
每月一次:0.3%
每周一次:1.81%
每周1-3次:38.01%
每日多次:25.38%
每日一次:34.5%

幼儿户外活动频次

不外出活动:0.5%
多月一次:0%
每月一次:0.5%
每周一次:1.41%
每周1-3次:12.25%
每日一次:18.47%
每日多次:66.87%

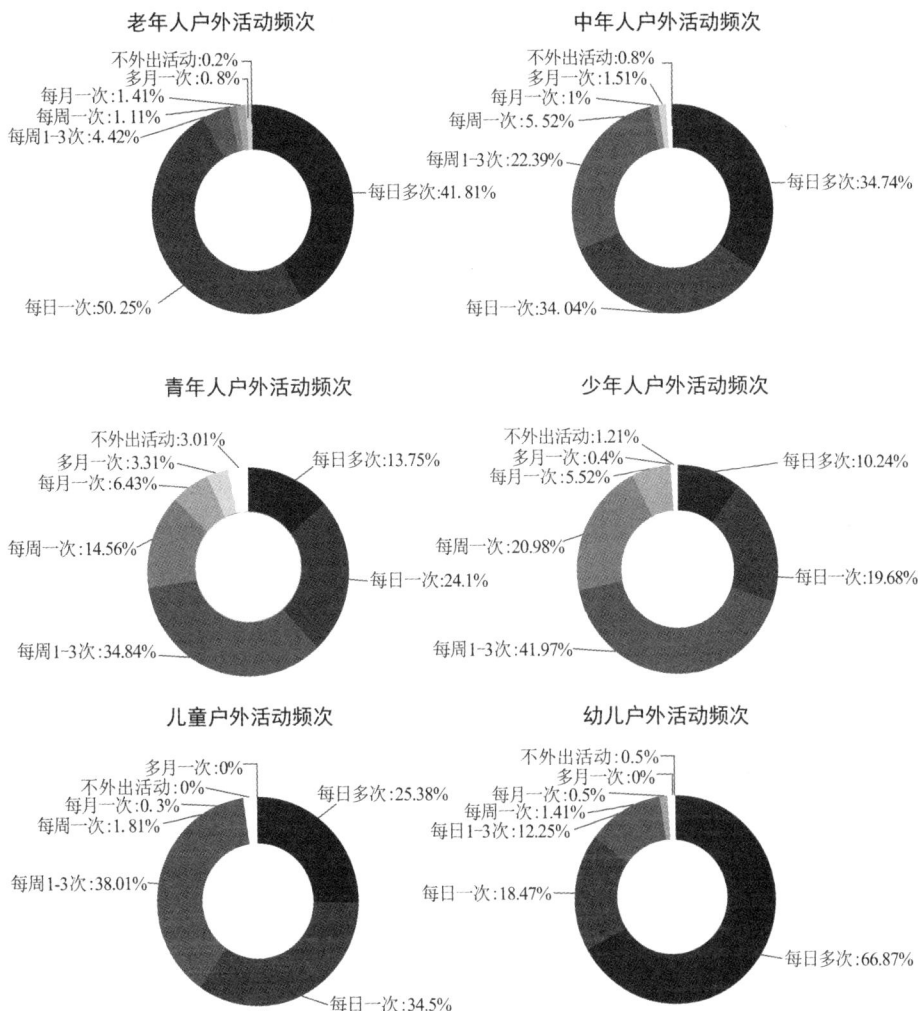

图 4.16　各年龄群体户外活动频次选择比重

4.2.3　观察记录总结

通过上文数据和观察记录可以总结出不同年龄群体在时间维度上对城市公共空间的主要需求特征。

(1) 老年群体的需求特征。

老年群体活动时段存在着明显的聚集性特征，主高峰出现在上午 9:00—10:00，次级高峰发生在 16:00—18:00 之间。其他时段老年人活动人数明显减少，中午 13:00 左右和夜晚 21:00 以后城市公共空间中活动的老年人数量明显减少。老年人每日的活动时段有着明显的规律性，一周内每日的活动时段规律存在相似性，且这种规律特征并不因为周内、周末的区别而产生明显变化。从活动频次的统计中可以看出，老年人对城市公共空间的使用需求程度相对较高，多数老年人每日都会外出活动 1～2 次。

(2) 中年群体的需求特征。

中年群体活动时段分布与老年群体存在着一定程度的相似性，每日都出现了两个活动的聚集高峰时段，但第二次聚集时段相较于老年人持续时间更长，持续至晚上 21:00 左右。中年群体与老年群体一样，每日活动时段表现出了明显的规律性，且周内、周末未出现明显变化。多数中年人选择每日户外活动 1～2 次，但相较于老年人，每周外出活动 1～3 次的人数比重开始增加。

(3) 青年群体的需求特征。

在不同调研区域中青年群体活动时段呈现出的折线图形态并不相同，青年群体户外活动时段分布特征存在随机性。青年群体的活动时段还具有持续性，从整体上看，青年群体单日从早至晚都维持了一定的活动水平。周末下午 17:00—21:00 时段活动人数较周内有所增加。在活动频次方面，青年群体相较于前两者有所下降，每周活动一次的人数占比达到了 14.56%，而每日活动多次的人数占比仅为 13.75%。

(4) 少年群体的需求特征。

少年群体的活动时段也存在一定规律，明显受制于上学时间段的影响，早、中、晚的放学时间活动人数有所增加，但相较于前三类人群，活动人数始终维持在较低水平。周末户外活动的少年人数相较于周内有明显增加，且集中于周末下午的 16:00—21:00 之间。在活动频次方面，少年群体相较于中老年人也有所下降，每周活动一次的人数占比为 20.98%，而每日活动多次的人数仅为 10.24%。

(5) 儿童群体的需求特征。

儿童群体的活动时段分布也同样受制于学校的上学时间，与少年群体存在一定程度的相似性，活动的人数也同样维持在相对较低的水平。但周末儿童活动人数相对周内而言有着明显增加，且 14:00—22:00 之间活动人数相较于周内有着更明显的增加。相较于少年群体而言，儿童群体的户外活动频次有所增加，"每周一至三次""每日多次""每日一次"的选择人数占比分别为 38.01%、25.38%和 24.5%。

(6) 幼儿群体的需求特征。

幼儿群体的活动时段分布特征有着一定的随机性，相对集中的活动时段与中、老年群体存在相似性，以 9:00—11:00 和 17:00—21:00 两个时段为主，但活动人数也维持在较低水平。周内、周末的活动时段分布无明显差异。幼儿群体的活动频次维持在高水平，其中每日活动多次的人数占比高达 66.87%。

4.2.4　各年龄群体时间维度需求差序特征

从时间维度对城市公共空间各年龄群体的使用时段和使用频次进行实证调查，其主要目的一方面是了解各群体对城市公共空间的使用规律及其间的相似性和差异性，并以此来判断调研区域内的城市公共空间在不同时段的主导使用群体，并了解差异化年龄群体对于空间共享时段的分布和程度，这是了解场地使用效率及场地设计与使用者匹配与否的前提依据。另一方面是通过时间维度去了解不同年龄群体对于城市公共空间的使用需求程度，为场地包容性设计中的弹性化处理提供一定依据。

将不同年龄群体对城市公共空间不同使用时段需求进行层级排序，以需求差序的方式进行表述(每两小时归为一时段)，如下：

老年群体活动时段需求：周内＝周末，8:00—10:00＞6:00—8:00＞14:00—16:00＞16:00—18:00＞10:00—12:00＞18:00—20:00＞12:00—14:00＞20:00—22:00＞22:00— 24:00。

中年群体活动时段需求：周内＝周末，18:00—20:00＞8:00—10:00＞16:00—18:00＞14:00—16:00＞10:00—12:00＞6:00—8:00＞20:00—22:00＞12:00—14:00＞22:00— 24:00。

青年群体活动时段需求：周内＝周末，18:00—20:00＞20:00—22:00＞16:00—18:00＞14:00—16:00＞10:00—12:00＞8:00—10:00＞22:00—24:00＞12:00—14:00＞6:00—8:00。

少年群体活动时段需求：周末＞周内，18:00—20:00＞16:00—18:00＞14:00—16:00＞12:00—14:00＞20:00—22:00＞8:00—10:00＞10:00—12:00＞6:00—8:00＞22:00—24:00。

儿童群体活动时段需求：周末＞周内，14:00—16:00＞16:00—18:00＞18:00—20:00＞20:00—22:00＞10:00—12:00＞8:00—10:00＞6:00—8:00＞12:00—14:00＞22:00—24:00。

幼儿群体活动时段需求：周内＝周末，10:00—12:00＞16:00—18:00＞18:00—20:00＞14:00—16:00＞12:00—14:00＞8:00—10:00＞20:00—22:00＞22:00—24:00＞6:00—8:00。

各年龄群体的活动频次的需求差序如表 4.2 所示。

表 4.2　各年龄群体活动频次差序

	第一位	第二位	第三位	第四位	第五位	第六位	第七位
老年群体	每日一次	每日多次	每周 1~3 次	每月一次	每周一次	多月一次	不活动
中年群体	每日多次	每日一次	每周 1~3 次	每周一次	多月一次	每月一次	不活动
青年群体	每周 1~3 次	每日一次	每周一次	每日多次	每月一次	多月一次	不活动
少年群体	每周 1~3 次	每周一次	每日一次	每日多次	每月一次	不活动	多月一次
儿童群体	每周 1~3 次	每日一次	每日多次	每周一次	每月一次	多月一次	不活动
幼儿群体	每日多次	每日一次	每周 1~3 次	每周一次	每月一次	不活动	多月一次

4.3　各年龄群体空间维度实证调查

使用者对城市公共空间的需求差序特征同样也体现在空间维度。不同类型的使用者会根据自身需求偏好和自身条件选择适合自己的活动场地和活动距离，且不同年龄群体之间存在差异。本节通过对 5 类共计 29 个调研场所的各年龄群体活动情况进行调查并通过统计使用人数比重和发放问卷等方式了解使用者对空间类型、空间距离的需求情况，为包容性研究提供空间维度的基础依据。

4.3.1　活动空间分布特征

1. 不同类型场地中各年龄群体活动人次统计

(1) 小区活动场类场地(a4、c4、e3)活动人次统计如图 4.17 所示。从图中可以发现，该类型场地的使用群体以老年人和中年人为主，青年次之，少年、儿童、幼儿使用人数较少。

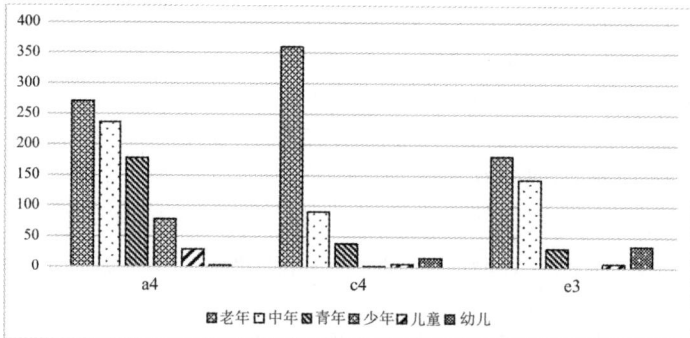

图 4.17　小区活动场类场地活动人次统计(一周)

(2) 公园、广场类场地(a1、a2、a6、b1、b2、b3、d1、d2、d3、d4、e1、e2)活动人次统计如图 4.18 所示。此类场地的主要使用人群以老年群体和中年群体为主，青年次之。其中 b1、d3 由于存在儿童活动场和篮球场这类专项活动设施，因而相对其他场地人次比重出现较大差异。

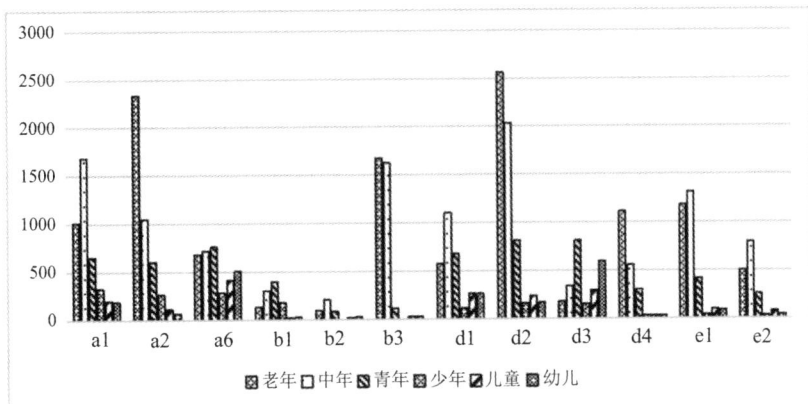

图 4.18　公园、广场类场地活动人次统计(一周)

(3) 市政道路类场地(a3、b5、c1、c2、e5、e6)活动人次统计如图 4.19 所示。该类场地中，青年群体和中年群体的使用者成为主导，老年群体次之，少年、儿童和幼儿使用者较少。

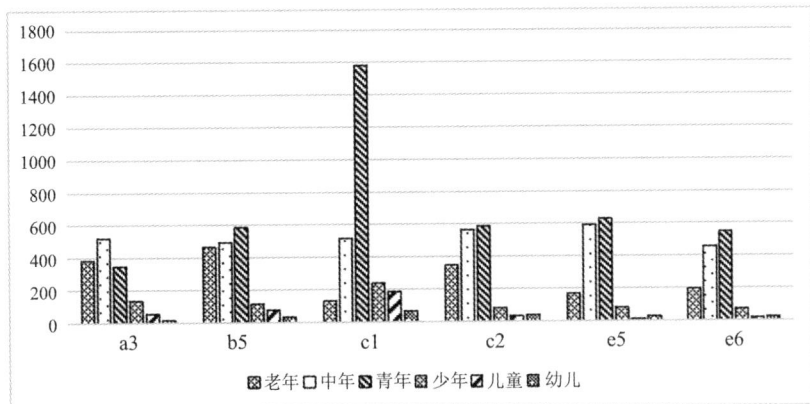

图 4.19　市政道路类场地活动人次统计(一周)

(4) 邻里街道类场地(b4、c5、d5、e4)活动人次统计如图 4.20 所示。该类场地中老年、中年和青年群体是主要使用群体，其中老年群体的使用人次最高，中年次之，青年再次之。场地 e4 由于缺少滞留空间，多以交通道路为主，因此老年使用者相对较少，与其他场地存在差异。

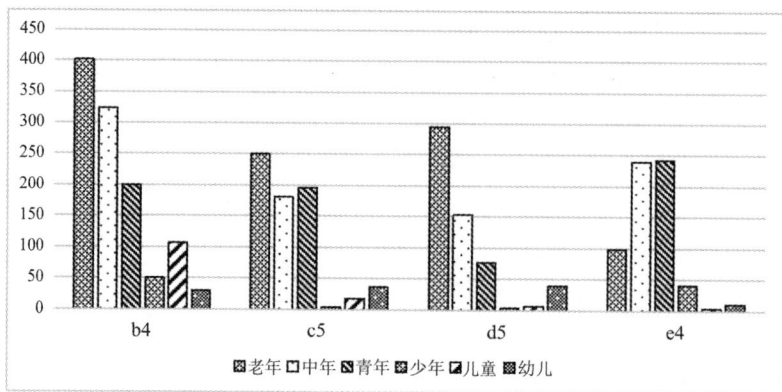

图 4.20　邻里街道类场地活动人次统计(一周)

(5) 商业街市类场地(a5、b6、c3、d6)活动人次统计，如图 4.21 所示。该类场地中，青年群体和中年群体是主要使用者，老年次之。

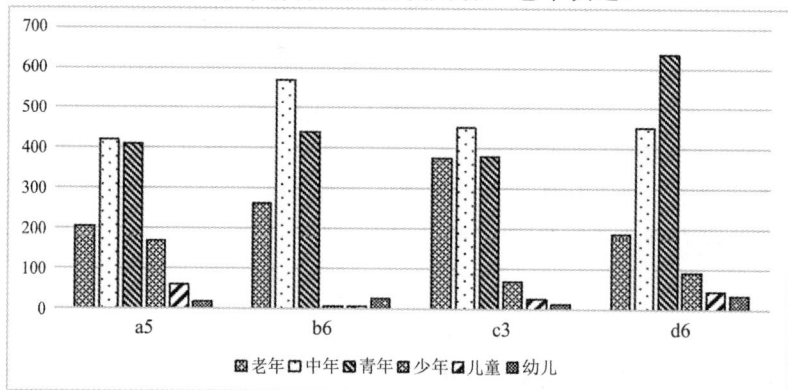

图 4.21　商业街市类场地活动人次统计(一周)

2. 各类场地中各年龄群体活动人次比重

不同类型场地中，各年龄群体的活动人次比重如图 4.22 所示。从图中可以看出：在小区活动场类的场地中，老年人和中年人是主要使用群体，分别占总人数的 47.4%和 27.55%；在公园、广场类场地中老年人和中年人依然是主要使用群体，但年轻人所占比重有所增加，他们分别占总人数的 33.49%、33.61%和 16.82%；在市政道路类场地中青年人成了主要使用群体，占总人数的 41.19%，而老年人仅占 16.25%；邻里街道类场地中，老年人、中年人和青年人是主要使用者，三者所占比重也较为平均，分别为 34.75%、29.86%和 23.8%；商业街市类场地中，青年人和中年人是主要的使用群体，人数占总人数比重为 35.43%和 34.91%，老年人占比仅为 19.28%。此外，各类场地中少年、儿童、幼儿群体的比重均处于较低水平。

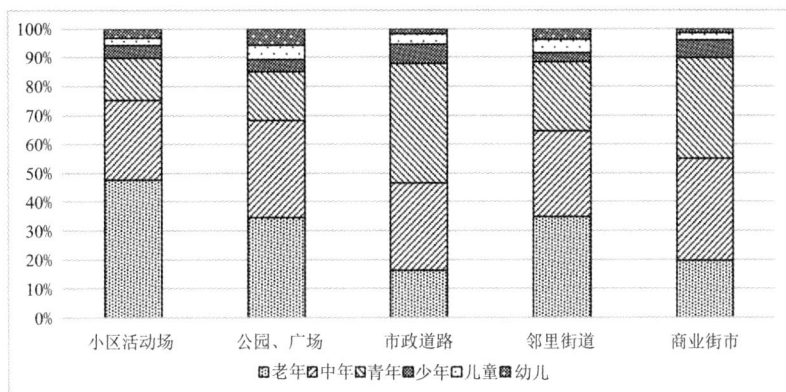

图 4.22 各类型场地不同年龄群体人次比重

对不同类型场地使用人次和比重的统计旨在反映场地使用群体的使用现状，以及场地使用群体中的主导使用者。但值得注意的是，这并不意味着比重较低的使用群体对该类场地的使用需求程度也同样较低。不同年龄群体对不同类场地需求的程度还应当结合问卷数据进行综合分析。

3. 关于"您平日最常去的户外场所是哪里？"(排序)这一问题的回答数据统计

各年龄群体平日常去的户外场所排序，如表 4.3 所示。

表 4.3 各年龄群体常去的户外活动场所排序

老年组	第一位	第二位	第三位	第四位	第五位	第六位	平均排位
小区活动场	34.50%	29.90%	14.00%	12.10%	7.40%	1.80%	2.325
公园、广场	60.70%	27.10%	6.50%	1.80%	2.80%	0.90%	1.61
商业街市	3.70%	20.50%	21.40%	27.10%	27.10%	0.00%	3.528
邻里街道	0.00%	10.20%	40.10%	36.40%	12.10%	0.90%	3.522
市政道路	0%	12.10%	16.80%	21.40%	47.60%	1.80%	4.09
其 他	0.90%	0.00%	0.90%	0.90%	2.80%	94.30%	5.87
中年组	第一位	第二位	第三位	第四位	第五位	第六位	平均排位
小区活动场	33.10%	33.10%	14.10%	11.10%	7.00%	1.20%	2.282
公园、广场	50.10%	33.30%	9.80%	3.80%	2.30%	0.40%	1.752
商业街市	6.40%	13.50%	37.80%	18.90%	19.50%	3.60%	3.415
邻里街道	0.80%	10.50%	22.70%	44.90%	18.00%	2.70%	3.757
市政道路	4.70%	7.50%	12.60%	18.90%	48.80%	7.30%	4.209
其 他	4.70%	1.90%	2.50%	2.10%	4.00%	84.50%	5.514

青年组	第一位	第二位	第三位	第四位	第五位	第六位	平均排位
小区活动场	28.80%	35.00%	23.20%	5.00%	2.20%	5.60%	2.33
公园、广场	22.90%	33.30%	25.20%	11.20%	5.00%	2.20%	2.481
商业街市	21.50%	16.20%	27.40%	23.20%	8.40%	3.00%	2.889
邻里街道	15.90%	9.50%	14.50%	41.40%	15.90%	2.50%	3.385
市政道路	8.40%	5.60%	8.10%	16.50%	56.80%	4.40%	4.203
其　他	2.20%	0.20%	1.40%	2.50%	11.40%	82.00%	5.658
少年组	第一位	第二位	第三位	第四位	第五位	第六位	平均排位
小区活动场	30.30%	24.70%	25.60%	12.80%	6.40%	0.00%	2.397
公园、广场	36.70%	31.60%	17.00%	10.20%	4.20%	0.00%	2.127
商业街市	20.00%	24.70%	23.00%	24.30%	7.20%	0.40%	2.74
邻里街道	11.90%	14.90%	26.40%	29.00%	17.00%	0.40%	3.243
市政道路	0.00%	3.80%	7.20%	23.00%	64.10%	1.70%	4.519
其　他	0.80%	0.00%	0.40%	0.40%	0.80%	97.40%	5.92
儿童组	第一位	第二位	第三位	第四位	第五位	第六位	平均排位
小区活动场	60.30%	16.80%	16.80%	4.90%	0.90%	0.00%	1.684
公园、广场	21.70%	58.40%	7.90%	8.90%	2.90%	0.00%	2.123
商业街市	9.90%	23.70%	49.50%	13.80%	0.00%	2.90%	2.784
邻里街道	3.90%	0.90%	18.80%	69.30%	6.90%	0.00%	3.738
市政道路	3.90%	0.00%	6.90%	2.90%	85.10%	0.90%	4.671
其　他	0.00%	0.00%	0.00%	0.00%	3.90%	96.00%	5.955
幼儿组	第一位	第二位	第三位	第四位	第五位	第六位	平均排位
小区活动场	34.70%	52.60%	3.60%	8.90%	0.00%	0.00%	1.863
公园、广场	38.40%	26.80%	31.00%	3.60%	0.00%	0.00%	1.994
商业街市	23.10%	3.60%	21.50%	51.50%	0.00%	0.00%	3.008
邻里街道	0.00%	16.80%	38.40%	35.70%	3.60%	5.20%	3.408
市政道路	2.10%	0.00%	0.00%	0.00%	94.20%	3.60%	4.947
其　他	1.50%	0.00%	5.20%	0.00%	2.10%	91.00%	5.736

综合观察和问卷数据可以发现：

第一，老年、中年和青年群体是城市公共空间的主要使用人群，其中除了商业街市和市政道路类场地，其余场地的主导使用者均以中老年人为主。

第二，不同年龄群体对各类场地的主观使用排序存在差异性，但公园、广场类和小区活动场类场地是所有年龄群体优先选择的活动场所。

第三，主观的问卷回答与现场的统计观察存在一定的差异性，其中市政道路类场地中青年群体的使用者占主导地位，但在青年群体的问卷中该类场地的排序却在靠后位置，除了使用者受制于社会环境因素外，这在一定程度上还反映了城市公共空间的使用现状与使用者真实需求的差异。

4.3.2　活动距离需求特征

关于"您去往日常户外活动场所能够忍受的最远步行距离是多少？"这一问题的问卷回复数据的统计分析如图 4.23 所示。

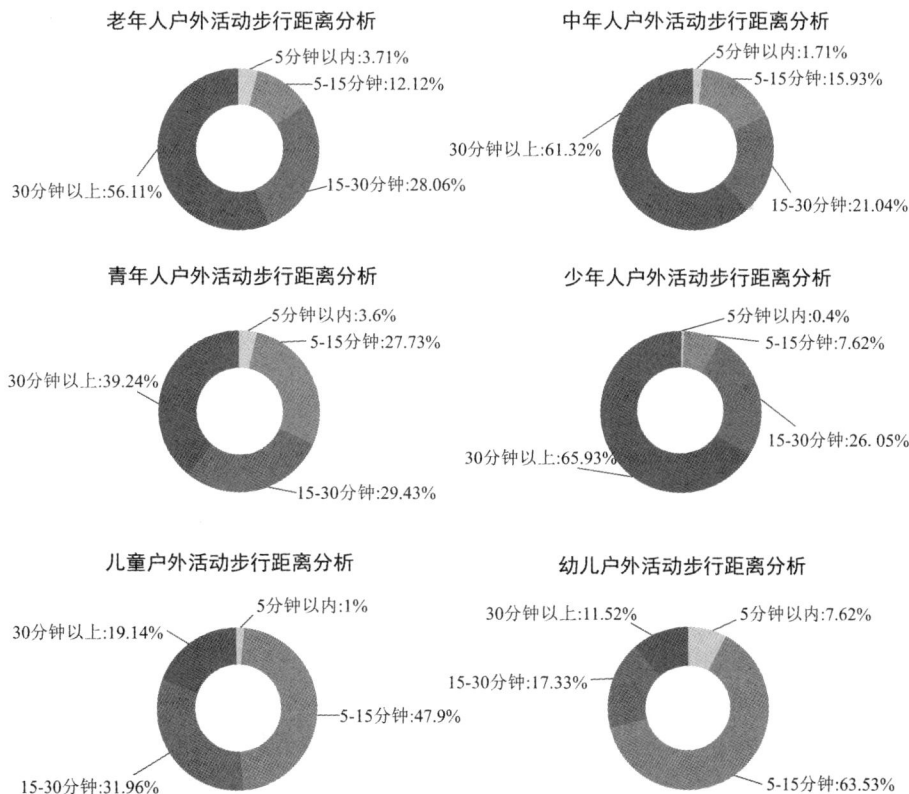

老年人户外活动步行距离分析
5分钟以内:3.71%
5-15分钟:12.12%
30分钟以上:56.11%
15-30分钟:28.06%

中年人户外活动步行距离分析
5分钟以内:1.71%
5-15分钟:15.93%
30分钟以上:61.32%
15-30分钟:21.04%

青年人户外活动步行距离分析
5分钟以内:3.6%
5-15分钟:27.73%
30分钟以上:39.24%
15-30分钟:29.43%

少年人户外活动步行距离分析
5分钟以内:0.4%
5-15分钟:7.62%
30分钟以上:65.93%
15-30分钟:26.05%

儿童户外活动步行距离分析
5分钟以内:1%
30分钟以上:19.14%
5-15分钟:47.9%
15-30分钟:31.96%

幼儿户外活动步行距离分析
30分钟以上:11.52%
5分钟以内:7.62%
15-30分钟:17.33%
5-15分钟:63.53%

图 4.23　各年龄群体户外活动步行距离分析

从问卷数据中可以发现，除了青年、儿童和幼儿群体，其他年龄群体能够忍受 30 分钟以上步行时间去往活动场地的人数均占了大多数，其中老年群体占比 56%、中年占比 61%、少年占比 66%。而儿童和幼儿群体中 48%和 64%的人所能够忍受的步行距离为 5～15 分钟。

4.3.3　观察记录总结

通过实地观察可以得出以下结论：

(1) 在各类城市公共空间场所中，老年、中年和青年群体都是人数比重较高的使用群体。而少年、儿童和幼儿群体的活动人数普遍偏低。

(2) 在调研的五类场地中，中年及老年群体更青睐于在公园、广场类场地中进行户外活动。

(3) 相较于其他年龄的使用者，相对更多的老年人选择在住宅中心的就近区域进行活动，即使该区域的环境质量不尽如人意，且老龄化程度高的老年人更为明显。

(4) 由于上下班、上下学的刚性要求，青年、少年和儿童群体相较于其他群体而言，对于通行类空间的需求更为明显。

(5) 在户外活动的过程中，青年和少年群体对活动内容的选择表现出了更多的随机性，而中年、老年群体则有着相对固定的活动内容与场地。

(6) 儿童与幼儿群体除了对儿童活动场地有明显的偏好外，对广场类场地也有明显的偏好。然而，他们对场地中是否存在运动器材或是否专类的运动场地的需求程度相对较低。

4.3.4　各年龄群体空间维度需求差序特征

空间维度的城市公共空间需求的实证研究主要是通过对不同年龄使用者在各类场所中的比重以及他们对活动场所与自己的距离的需求两方面的调研来进行的。前者旨在通过各年龄群体在不同类型空间活动的分布现状和问卷回复来获悉各群体对各类场所的需求差序特征。后者旨在通过问卷数据了解各年龄群体外出活动时对步行距离的需求差异。空间维度的需求调研不仅反映了各年龄群体在使用场地时对空间距离上的需求差异，还在一定程度上反映了各群体对场地功能的需求差异。

基于问卷答复统计，各年龄群体对不同类型城市公共空间的需求差序如表 4.4 所示。

表4.4　各年龄群体对不同类型城市公共空间的需求差序

各年龄群体	需求差序顺位					
	第一位	第二位	第三位	第四位	第五位	第六位
老年群体	公园、广场	小区活动场	邻里街道	商业街市	市政道路	其他
中年群体	公园、广场	小区活动场	商业街市	邻里街道	市政道路	其他
青年群体	小区活动场	公园、广场	商业街市	邻里街道	市政道路	其他
少年群体	小区活动场	公园、广场	商业街市	邻里街道	市政道路	其他
儿童群体	小区活动场	公园、广场	商业街市	邻里街道	市政道路	其他
幼儿群体	小区活动场	公园、广场	商业街市	邻里街道	市政道路	其他

各年龄群体外出活动步行距离的需求差序如表4.5所示。

表4.5　各年龄群体外出活动步行距离的需求差序

各年龄群体	需求差序顺位			
	第一位	第二位	第三位	第四位
老年群体	30分钟以上	15～30分钟	5～15分钟	5分钟以内
中年群体	30分钟以上	15～30分钟	5～15分钟	5分钟以内
青年群体	30分钟以上	15～30分钟	5～15分钟	5分钟以内
少年群体	30分钟以上	15～30分钟	5～15分钟	5分钟以内
儿童群体	5～15分钟	15～30分钟	30分钟以上	5分钟以内
幼儿群体	5～15分钟	15～30分钟	30分钟以上	5分钟以内

4.4　各年龄群体功能维度实证调查

不同年龄群体对城市公共空间的功能需求存在差异性，不论是时间维度还是空间维度的实证研究，都能够在一定程度上反映出这种需求的差异性。本节主要聚焦于使用者与空间功能的直接关系，通过对活动内容及环境需求偏好的实证调查来掌握各年龄群体对城市公共空间所提供的不同功能的需求差序特征，为包容性研究提供功能维度的实证依据。

4.4.1　各年龄群体活动内容偏好

关于"您平日外出更愿意花时间投入哪些活动？(排序)"这一问题的回复数据的统计分析如表4.6所示。

表4.6　各年龄群体活动内容偏好排序

老年组	第一位	第二位	第三位	第四位	第五位	第六位	第七位	平均排名
购物	10.2%	3.7%	20.5%	28.%	28.9%	7.4%	0.9%	3.863
工作	7.4%	3.7%	3.7%	5.6%	17.7%	57.9%	3.9%	5.115
运动康体	49.5%	28.9%	12.1%	7.4%	0.9%	0.9%	0.0%	1.831
休闲娱乐	18.6%	28%	26.1%	20.5%	5.6%	0.9%	0.0%	2.683
社会交往	3.7%	24.2%	28.9%	22.4%	10.2%	9.3%	0.9%	3.415
学习认知	8.4%	11.2%	8.4%	13%	35.5%	21.4%	1.8%	4.265
其他	1.8%	0.0%	0.0%	2.8%	0.9%	1.8%	92.5%	6.758
中年组	第一位	第二位	第三位	第四位	第五位	第六位	第七位	平均排名
购物	13.6%	12.1%	13.4%	14%	18%	22.2%	5.9%	4.001
工作	18.8%	16.7%	12.6%	11.1%	14.9%	18.3%	7.2%	3.691
运动康体	35.6%	24.8%	20.6%	9.8%	4.6%	3.8%	0.5%	2.355
休闲娱乐	16.7%	22%	14.2%	21.9%	15.2%	8.2%	1.2%	3.249
社会交往	3.1%	9.5%	19.8%	21.7%	25.8%	16.7%	3.1%	4.192
学习认知	9.5%	12.9%	17.5%	18%	18.3%	20.9%	2.3%	3.94
其他	2.3%	1.5%	1.5%	2.5%	2.8%	9.5%	79.5%	6.473
青年组	第一位	第二位	第三位	第四位	第五位	第六位	第七位	平均排名
购物	21.0%	12.8%	14.8%	14.0%	15.90%	19.0%	2.2%	3.559
工作	15.9%	11.2%	12.8%	12.0%	15.1%	26.6%	6.1%	4.025
运动康体	15.6%	12.8%	18.7%	21.2%	19.6%	9.5%	2.0%	3.525
休闲娱乐	26.0%	27.0%	16.6%	15.1%	8.1%	5.8%	0.5%	2.704
社会交往	7.0%	20.7%	19.6%	17.9%	19.7%	11.7%	3.6%	3.727
学习认知	10.9%	14%	15.4%	18%	18.7%	19.8%	3.0%	3.9
其他	3.3%	0.8%	1.6%	1.6%	3.0%	7.2%	82.0%	6.483

续表

少年组	第一位	第二位	第三位	第四位	第五位	第六位	第七位	平均排名
购物	6.8%	13.6%	16.6%	16.2%	29.4%	17.0%	0.0%	3.976
工作	0.8%	3.4%	7.6%	11.5%	18.8%	55.5%	2.1%	5.181
运动康体	20.5%	25.2%	20.0%	20.5%	10.2%	3.4%	0.0%	2.843
休闲娱乐	32.4%	22.6%	20.5%	14.5%	7.6%	2.1%	0.0%	2.477
社会交往	6.4%	19.6%	21.7%	22.2%	20.9%	8.9%	0.0%	3.574
学习认知	32.4%	14.9%	13.2%	14.5%	12.8%	11.5%	0.4%	2.956
其他	0.4%	0.4%	0.0%	0.4%	0.0%	1.2%	97.4%	6.918
儿童组	第一位	第二位	第三位	第四位	第五位	第六位	第七位	平均排名
购物	5.6%	0.0%	26.4%	16.9%	45.2%	5.6%	0.0%	4.12
工作	3.7%	1.8%	8.4%	2.8%	5.6%	71.6%	5.6%	5.405
运动康体	42.4%	23.5%	16.9%	8.4%	5.6%	2.8%	0.0%	2.185
休闲娱乐	22.6%	28.3%	16.9%	22.6%	8.4%	0.9%	0.0%	2.677
社会交往	19.8%	2.8%	5.6%	43.3%	19.8%	8.4%	0.0%	3.648
学习认知	5.6%	46.2%	28.3%	0.0%	11.3%	8.4%	0.0%	2.898
其他	0.0%	0.0%	0.0%	5.6%	0.0%	0.0%	94.3%	6.825
幼儿组	第一位	第二位	第三位	第四位	第五位	第六位	第七位	平均排名
购物	3.5%	0.6%	39.4%	12.1%	22.4%	21.7%	0.0%	4.135
工作	4.1%	2.8%	15.3%	22.1%	9.2%	46.1%	0.0%	4.666
运动康体	8.6%	0.0%	12.8%	37.8%	17.9%	21.4%	1.2%	4.245
休闲娱乐	42.9%	8.9%	11.5%	11.5%	18.5%	6.4%	0.0%	2.721
社会交往	35.2%	8.9%	6.0%	15.7%	30.4%	0.6%	2.8%	3.09
学习认知	5.4%	75.0%	14.7%	0.0%	0.6%	1.2%	2.8%	2.293
其他	0.0%	3.5%	0.0%	0.0%	3.5%	0.0%	92.9%	6.748

　　问卷数据统计反映出的功能需求特征与观察总结基本一致：首先，"运动康体"和"休闲娱乐"是各年龄群体的主要需求；其次，相比较而言，老年人对"社会交往"的需求更为强烈；最后，少年、儿童和幼儿群体对"学习认知"的需求要强于其余三个年龄群体。

4.4.2　各年龄群体对活动环境的需求偏好

问卷中"在户外活动时,您更注重活动场地的哪些方面?(排序)",这一问题的选项以口语化的语言表达来了解使用者对城市公共空间的环境需求偏好。六个选项(a. 能提供安全的活动场所,b. 有优美的景色,c. 有符合自身爱好的器械或场地,d. 有一定的教育意义,e. 有熟悉的人群,f. 方便到达的活动场所)分别对应安全需求、美观需求、兴趣需求、认知需求、社交需求和可达性需求。问卷数据如表 4.7 所示。

表 4.7　老年群体对活动环境的需求偏好

老年组	第一位	第二位	第三位	第四位	第五位	第六位	平均排位
安全	50.4%	24.2%	10.2%	10.2%	3.7%	0.9%	1.941
美观	25.2%	37.3%	16.8%	14.9%	2.8%	2.8%	2.406
兴趣	5.6%	5.6%	13.0%	14.9%	43.9%	16.8%	4.357
认知	0.9%	1.8%	6.5%	14.9%	23.3%	52.3%	5.139
社交	8.4%	11.2%	26.1%	19.6%	17.7%	16.8%	3.768
可达	9.3%	19.6%	27.1%	25.2%	8.4%	10.2%	3.338
中年组	第一位	第二位	第三位	第四位	第五位	第六位	平均排位
安全	48.1%	25.3%	13.7%	8.8%	3.4%	0.4%	1.944
美观	31.8%	41.2%	16.3%	5.8%	3.4%	1.2%	2.105
兴趣	4.5%	11.3%	35.4%	24.3%	16.5%	7.7%	3.592
认知	1.0%	3.0%	7.0%	26.2%	29.0%	33.5%	4.788
社交	4.5%	6.6%	10.9%	17.6%	33.3%	26.8%	4.481
可达	9.8%	12.2%	16.3%	17.2%	14.1%	30.1%	4.03
青年组	第一位	第二位	第三位	第四位	第五位	第六位	平均排位
安全	31.0%	27.1%	18.2%	14.8%	5.0%	3.6%	2.456
美观	35.2%	25.4%	22.1%	9.2%	5.3%	2.5%	2.306
兴趣	6.4%	13.2%	23.2%	25.2%	22.6%	8.9%	3.696
认知	1.9%	2.8%	8.4%	26.6%	29.6%	30.5%	4.701
社交	5.6%	9.8%	10.3%	12.6%	26.0%	35.5%	4.495
可达	19.6%	21.2%	17.6%	11.4%	11.2%	18.7%	3.286

少年组	第一位	第二位	第三位	第四位	第五位	第六位	平均排位
安全	36.7%	17.5%	17.0%	17.5%	7.6%	3.4%	2.511
美观	22.2%	21.7%	18.3%	20.0%	11.9%	5.5%	2.93
兴趣	11.5%	17.0%	18.8%	19.2%	17.9%	15.3%	3.6
认知	6.8%	11.5%	14.5%	10.2%	23.9%	32.9%	4.31
社交	11.9%	14.1%	15.3%	14.5%	19.2%	24.7%	3.882
可达	10.6%	17.9%	15.8%	18.3%	19.2%	17.9%	3.704
儿童组	第一位	第二位	第三位	第四位	第五位	第六位	平均排位
安全	63.9%	7.5%	8.2%	5.6%	9.8%	4.7%	2.031
美观	8.8%	16.1%	4.4%	11.7%	3.1%	55.6%	4.501
兴趣	5.0%	48.7%	24.3%	12.0%	5.0%	4.7%	2.765
认知	5.0%	16.7%	40.5%	7.9%	19.9%	9.8%	3.498
社交	6.9%	3.4%	9.8%	37.6%	28.1%	13.9%	4.174
可达	10.1%	7.2%	12.6%	25.0%	33.8%	11.0%	3.973
幼儿组	第一位	第二位	第三位	第四位	第五位	第六位	平均排位
安全	97.4%	2.5%	0.0%	0.0%	0.0%	0.0%	1.214
美观	0.0%	46.1%	5.1%	17.9%	3.8%	26.9%	4.555
兴趣	0.0%	5.1%	30.7%	15.3%	23.0%	25.6%	3.491
认知	0.0%	34.6%	7.6%	30.7%	6.4%	20.5%	4.143
社交	0.0%	10.2%	35.8%	26.9%	15.3%	11.5%	5.604
可达	2.5%	1.2%	20.5%	8.9%	51.2%	15.3%	4.498

根据以上数据可以发现：

第一，活动时，场地所能提供的安全保障功能是各年龄群体普遍重视的基本需求。除青年群体外，其余各群体均将其排在第一顺位，且老年、儿童、幼儿群体对该选择具有相当高的共识，选择人数分别为 50.4%、64.9% 和 97.4%。

第二，老年、中年、青年和少年群体对场地的美观与否有着更高要求，其中青年群体对美观的需求甚至排在了第一顺位。儿童和幼儿群体对此类需求的排序相对靠后，分别是第 6 位和第 5 位。

第三，在所有年龄群体中，老年群体和青年群体对场地可达性的需求相对较高，均位于排序的第三顺位。可能的原因在于，老年人受制于自身活动能力的不足，而年轻人则受制于休闲时间的稀缺。

第四，儿童和幼儿群体对于满足兴趣和接受新知识的需求要高于其他年龄群体。

4.4.3 观察记录总结

通过实地观察可以发现：

(1) 老年群体在城市公共空间中更偏好于参与休闲及社交活动，其中闲坐、聊天、晒太阳等活动参与者最为广泛。

(2) 中年群体对康体健身类活动的需求程度要明显高于其他年龄群体，参与器材类健身、乒乓球、广场舞、健身操等活动的中年人比重最高。

(3) 中年及老年群体中参与散步活动的人数要明显高于其他年龄群体。

(4) 中年及老年群体更偏好于参与散步活动，相较于青年、少年和儿童群体，其在场地中的通行行为更具有休闲性和随机性，而后者在通勤需求的限制下，其通行行为往往有着明确的目的地。

(5) 中年及老年群体的购物行为相较于青年、少年和儿童群体，表现出了更明确的目的性，以买菜和买药活动最为典型。后者则表现出了相对更强的随机性和兴趣取向。

(6) 儿童和幼儿群体的户外活动有着明显的以趣味为导向的需求特征，其中设施娱乐、追逐打闹、滑板车、户外游戏等活动最具有代表性。

(7) 开阔场地所承载的活动功能有着明显的复合性，不同年龄群体对此类空间的使用方式各有不同。

4.4.4 各年龄群体功能维度需求差序特征

从需求差序的角度对城市公共空间的包容性进行研究，其核心就是了解各年龄群体对场地功能的需求差异。本研究试图从城市公共空间使用者活动内容偏好和场地环境需求偏好两方面来了解其对城市公共空间功能的需求及各需求的重要程度次序。

　　从问卷数据和现场观察可以发现：整体上，在城市公共空间中，运动康体和休闲娱乐是各年龄群体需要满足的主要功能，但不同年龄群体满足此类需求所进行的活动却不尽相同。其中，中老年人更加关注活动能够带来的康体受益和休闲体验。在活动内容方面中年人比老年人能更多地参与到诸如广场舞、乒乓球等对体能有更高要求的活动之中，而活动能力相对较弱的老年群体，则通过散步、晒太阳等相对缓和的活动去同时满足此两类需求。青年、少年、儿童、幼儿群体在活动过程中更加关注活动内容的趣味性和竞技性，对器械与专项类运动场地的使用也较为频繁。除青年人外，其他三类群体在活动过程中满足学习认知的需求也更高。

　　各年龄群体在环境需求偏好方面的差序表达如表 4.8 所示。

表 4.8　各年龄群体环境需求偏好差序

各年龄群体	需求差序顺位					
	第一位	第二位	第三位	第四位	第五位	第六位
老年群体	安全	美观	可达	社交	兴趣	认知
中年群体	安全	美观	兴趣	可达	社交	认知
青年群体	美观	安全	可达	兴趣	社交	认知
少年群体	安全	美观	兴趣	社交	可达	认知
儿童群体	安全	兴趣	认知	社交	可达	美观
幼儿群体	安全	兴趣	认知	可达	美观	社交

　　各年龄群体在活动内容方面的需求差序表达如表 4.9 所示。

表 4.9　各年龄群体活动内容的需求差序

各年龄群体	需求差序顺位						
	第一位	第二位	第三位	第四位	第五位	第六位	第七位
老年群体	运动康体	休闲娱乐	社会交往	购物	学习认知	工作	其他
中年群体	运动康体	休闲娱乐	工作	学习认知	购物	社会交往	其他
青年群体	休闲娱乐	运动康体	购物	社会交往	学习认知	工作	其他
少年群体	休闲娱乐	运动康体	学习认知	社会交往	购物	工作	其他
儿童群体	运动康体	休闲娱乐	学习认知	社会交往	购物	工作	其他
幼儿群体	休闲娱乐	学习认知	社会交往	购物	运动康体	工作	其他

4.5 各年龄群体环境维度实证调查

各年龄群体对城市公共空间中各类环境设施要素的需求也存在差序关系。从环境设施维度对需求差序的观察是从城市公共空间的整体观察向局部、细节转换的重要过程。这一方面可以在一定程度上反映出使用者对场地功能的需求特征，另一方面还可以体现具体环境设施要素与使用者的直接关系，为包容性设计的应对措施或原则提供更为具体和细化的实证依据。本节主要通过对使用者的行为习惯的观察及他们对环境设施要素的需求程度的评价来判断该维度中各年龄群体的需求差序。

4.5.1 各年龄群体环境设施要素需求程度

本研究以量表形式让不同年龄群体对城市公共空间中常见的环境设施要素进行打分，量表选项分为："非常不重要""不重要""一般重要""重要"和"非常重要"五个选项，分别对应 1～5 的分值，问卷数据如表 4.10 所示。

表 4.10 各年龄群环境设施要素打分

环境要素	各年龄群体打分数值											
	老年		中年		青年		少年		儿童		幼儿	
	均值	众数	均值	众数	均值	众数	均值	众数	均值	众数	均值	众数
1. 休息座椅	4.6	5	4.1	5	4.1	5	3.8	4	3.3	3	2.9	2
2. 休息廊架、亭子	4.2	5	4.0	5	4.0	5	3.9	4	3.9	5	3.6	4
3. 路灯	4.5	5	4.4	5	4.3	5	4.1	5	4.3	5	4.8	5
4. 解说牌、指示牌	4.1	5	4.1	5	4.1	5	4.0	5	4.4	5	3.8	5
5. 围墙、围栏	3.5	5	3.5	5	3.7	5	3.8	5	4.3	4	3.6	5
6. 垃圾箱	4.4	5	4.0	5	4.2	5	4.4	5	4.6	5	3.8	5
7. 饮水池、洗手池	4.1	5	4.1	5	4.1	5	4.2	5	4.8	5	4.2	5
8. 遮阴植物	4.5	5	4.4	5	4.6	5	4.2	5	4.7	5	4.8	5

续表

环境要素	各年龄群体打分数值											
	老年		中年		青年		少年		儿童		幼儿	
	均值	众数	均值	众数	均值	众数	均值	众数	均值	众数	均值	众数
9. 坡道	4.0	5	3.5	5	3.4	3	3.0	3	3.4	3	4.0	3
10. 扶手	4.1	5	3.6	5	3.4	3	3.6	4	3.3	3	3.4	3
11. 雕塑、景墙	3.2	4	3.3	3	3.5	3	3.3	3	3.7	5	3.9	4
12. 观赏植物	4.2	4	4.1	5	4.2	5	3.8	3	3.9	5	4.1	5
13. 喷泉、瀑布	3.3	4	3.4	3	3.6	5	3.4	3	3.8	5	4.2	5
14. 湖泊、河流	3.3	3	3.6	5	3.7	5	3.4	3	3.7	5	3.6	3
15. 篮球场	2.4	1	3.0	3	3.1	3	3.9	5	3.8	5	2.8	3
16. 羽毛球场	2.4	1	3.1	3	3.2	3	3.7	3	4.0	3	2.6	3
17. 足球场	2.2	1	2.7	1	2.9	3	3.5	3	3.5	3	2.3	3
18. 乒乓球场	2.6	1	3.2	5	3.0	3	3.6	3	3.6	3	2.3	3
19. 棋牌桌椅	2.4	2	2.8	3	2.7	3	2.9	3	2.9	3	2.4	3
20. 门球场	2.1	2	2.5	1	2.4	1	2.9	3	2.9	2	2.1	3
21. 儿童游乐场	3.0	3	3.3	5	3.3	5	3.3	3	4.6	5	4.4	5
22. 慢跑道	3.0	4	3.8	5	3.8	5	3.8	4	4.6	5	4.3	5
23. 开敞空地	4.1	4	4.2	5	4.3	5	4.0	4	4.7	5	4.4	4
24. 健身器材	4.0	4	3.8	5	3.6	3	3.8	4	3.8	5	2.6	2
25. 活动草坪	3.9	4	4.2	5	4.3	5	4.0	5	4.5	5	4.7	5
26. 厕所	4.7	5	4.5	5	4.7	5	4.5	5	4.7	5	3.9	5
27. 人行道	4.7	5	4.4	5	4.5	5	4.4	5	4.7	5	4.8	5

观察各年龄群体对场地环境设施各要素的需求程度打分可以看出：

第一，人行道、厕所、遮阴植物、开敞空地等具有基础性和必要性的场地设施要素受到了全年龄群体的共同重视。

第二，全年龄群体对棋牌桌椅、门球场、足球场等场地设施要素的需求程度普遍较低。

第三，对扶手这样的无障碍设施的需求程度，不同年龄群体存在较大差异，老年群体的需求程度最高，儿童群体的需求程度最低。

第四，不同年龄群体对休息设施的需求程度存在较大差异，其中老年群体需求程度最高，儿童、幼儿群体需求程度普遍偏低。

第五，儿童、幼儿群体对儿童游乐场的需求程度较高，各年龄群体对其余专项活动场地的需求程度普遍偏低，但也存在一定程度差异。

4.5.2　观察记录总结

通过实地观察可以发现：

(1) 户外活动的老年人对休息设施和遮阴植物有着更高程度的需求，树荫下的休息座椅更容易成为老年人聊天、休憩的活动场所。

(2) 中年群体中，对康体器材有较高程度需求的使用者存在广泛性。带有健身器材的活动场地中，中年使用者的人数比重往往最大。

(3) 青、少年群体相较于其他年龄群体，在户外活动时更为偏好大球类运动，篮球、足球等大球类场地中的使用者相应地也多以该两类人为主。

(4) 在所需的环境要素缺失时，住宅区附近会出现居民自主营建的休闲场所，主要以自带的桌椅和阳伞等设施要素为主。

(5) 夜晚活动时，使用者会围绕灯光照明区域产生明显的聚集效应。

(6) 在活动过程中，同一场地中的不同使用者对场地、设施要素的使用分配存在着一定程度的默契，尤其表现在该场地的长期使用者之间。

4.5.3　各年龄群体环境维度需求差序特征

场地环境设施要素的需求程度差异是不同使用者对城市公共空间需求差异的直接反映。本研究按照问卷分值的大小，将不同要素分为 5 个层次序列，每个序列范围数值为 X，X 的求取公式为

$$X = \frac{\overline{n}_{\max} - \overline{n}_{\min}}{5} \quad (n \text{ 为问卷调查所得数据的平均值})$$

将不同要素按照分值归类并用以表达各年龄群体对环境维度的需求差序。各年龄群体对场地环境设施要素的需求差序如表 4.11 所示。

表 4.11　各年龄群环境设施要素需求差序

老年组	第一序列	第二序列	第三序列	第四序列	第五序列
场地环境设施要素	人行道 厕所 遮阴植物 垃圾箱 路灯 休息廊架、亭子 休息座椅 观赏植物	活动草坪 健身器材 开敞空地 扶手 坡道 饮水池、洗手池 解说牌、指示牌	湖泊、河流 喷泉、瀑布 雕塑、景墙 围墙、围栏	慢跑道 儿童游乐场	门球场 棋牌桌椅 乒乓球场 足球场 羽毛球场 篮球场

中年组	第一序列	第二序列	第三序列	第四序列	第五序列
场地环境设施要素	人行道 厕所 活动草坪 开敞空地 遮阴植物 路灯	健身器材 慢跑道 观赏植物 饮水池、洗手池 垃圾箱 休息座椅 休息廊架、亭子 解说牌、指示牌	湖泊、河流 喷泉、瀑布 扶手 坡道 围墙、围栏	乒乓球场 羽毛球场 篮球场 儿童游乐场 雕塑、景墙	门球场 棋牌桌椅 足球场

青年组	第一序列	第二序列	第三序列	第四序列	第五序列
场地环境设施要素	人行道 厕所 活动草坪 开敞空地 遮阴植物 路灯	慢跑道 观赏植物 饮水池、洗手池 垃圾箱 解说牌、指示牌 休息廊架、亭子 休息座椅	健身器材 湖泊、河流 喷泉、瀑布 雕塑、景墙 扶手 坡道 围墙、围栏	儿童游乐场 乒乓球场 足球场 羽毛球场 篮球场	棋牌桌椅 门球场

续表

少年组	第一序列	第二序列	第三序列	第四序列	第五序列
场地环境设施要素	人行道 厕所 遮阴植物 饮水池、洗手池 垃圾箱	活动草坪 开敞空地 篮球场 解说牌、指示牌 路灯 休息廊架、亭子	健身器材 慢跑道 乒乓球场 羽毛球场 扶手 围墙、围栏 休息座椅 观赏植物	儿童游乐场 足球场 湖泊、河流 喷泉、瀑布 雕塑、景墙	门球场 棋牌桌椅 坡道
儿童组	第一序列	第二序列	第三序列	第四序列	第五序列
场地环境设施要素	人行道 厕所 活动草坪 开敞空地 慢跑道 儿童游乐场 遮阴植物 饮水池、洗手池 垃圾箱	路灯 解说牌、指示牌 围墙、围栏	休息廊架、亭子 雕塑、景墙 观赏植物 喷泉、瀑布 湖泊、河流 篮球场 羽毛球场 健身器材	休息座椅 坡道 扶手 足球场 乒乓球场	棋牌桌椅 门球场
幼儿组	第一序列	第二序列	第三序列	第四序列	第五序列
场地环境设施要素	人行道 路灯 遮阴植物 儿童游乐场 慢跑道 活动草坪 开场空地	厕所 雕塑、景墙 观赏植物 喷泉、瀑布 坡道 饮水池、洗手池 垃圾箱 解说牌、指示牌	休息廊架、亭子 扶手 围墙、围栏 湖泊、河流	篮球场 休息座椅	羽毛球场 足球场 乒乓球场 棋牌桌椅 门球场 健身器材

4.6　各年龄群体人际维度实证调查

城市公共空间的公共属性要求其能满足多元化的使用者需求，获悉哪些公共空间使用者之间相互的接受程度更高，哪些使用者之间存在排斥，是保证空间包容性的重要基础。影响使用者关系的因素很多，活动内容的冲突、血缘关系的纽带、年龄差距的隔阂等都会影响同一空间中不同使用者的关系。本节通过对不同年龄群体的活动结伴情况、活动行为观察和相互评价来揭示各年龄群体在城市公共空间人际维度中的需求差序特征。

4.6.1 各年龄群体活动结伴情况

关于"您平日更多与谁一同外出活动？"这一问题的回复数据如图 4.24 所示。

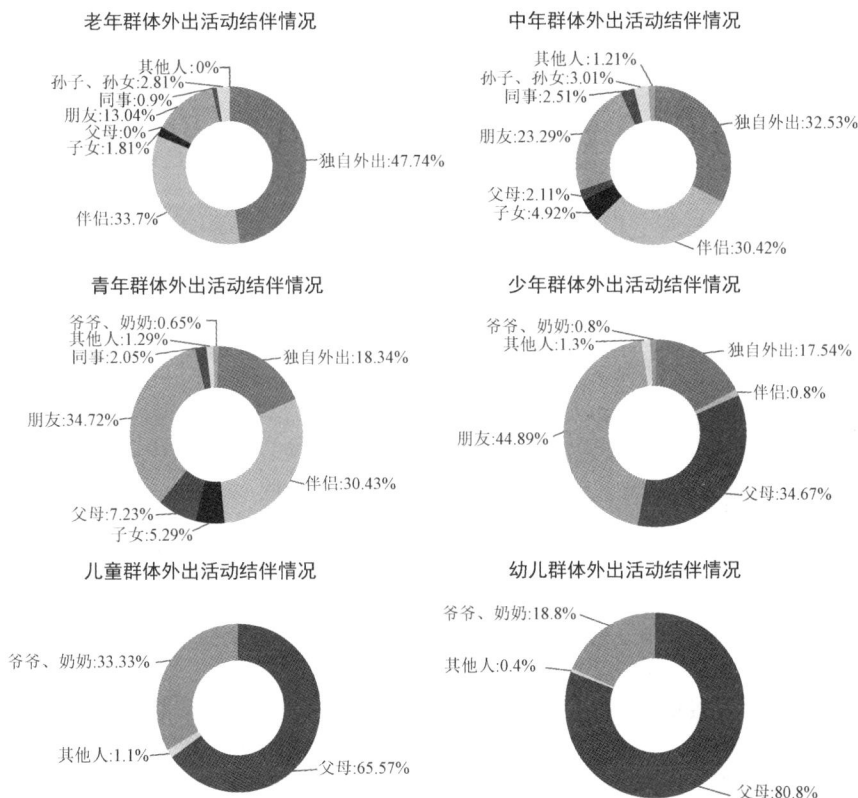

老年群体外出活动结伴情况

其他人:0%
孙子、孙女:2.81%
同事:0.9%
朋友:13.04%
父母:0%
子女:1.81%
独自外出:47.74%
伴侣:33.7%

中年群体外出活动结伴情况

其他人:1.21%
孙子、孙女:3.01%
同事:2.51%
朋友:23.29%
独自外出:32.53%
父母:2.11%
子女:4.92%
伴侣:30.42%

青年群体外出活动结伴情况

爷爷、奶奶:0.65%
其他人:1.29%
同事:2.05%
朋友:34.72%
独自外出:18.34%
父母:7.23%
伴侣:30.43%
子女:5.29%

少年群体外出活动结伴情况

爷爷、奶奶:0.8%
其他人:1.3%
朋友:44.89%
独自外出:17.54%
伴侣:0.8%
父母:34.67%

儿童群体外出活动结伴情况

爷爷、奶奶:33.33%
其他人:1.1%
父母:65.57%

幼儿群体外出活动结伴情况

爷爷、奶奶:18.8%
其他人:0.4%
父母:80.8%

图 4.24 各年龄群外出活动结伴情况

从数据中可以发现，不同年龄群体外出活动的结伴选择存在差异。中、老年群体多选择独自外出或与伴侣同行，且老年群体中选择独自外出活动的人占主要地位，其比重高达 47.7%。相对于老年人而言，中年人选择与朋友一起外出活动的人数有所增加，占比为 23.3%。青年和少年群体与朋友一起外出活动的人数占比最多，分别为 34.7%和 44.9%。儿童和幼儿群体在户外活动时均有长辈看护，其中父母看护的比例要高于爷爷、奶奶。外出活动的结伴情况在一定程度上反映了在自主选择的情况下，使用者所选择的空间共享对象。如果将选择对象按照年龄层进行归类，可以发现：老年人、中年人和青年人群体更多选择与同龄人一起活动；而儿童和幼儿群体则多在青年群体的看护下进行活动；少年群体则相对折中，近半数选择与同龄人一同活动，近三分之一选择与中年群体(父母)一起活动。

不同年龄层结伴比重统计如图 4.25 所示。

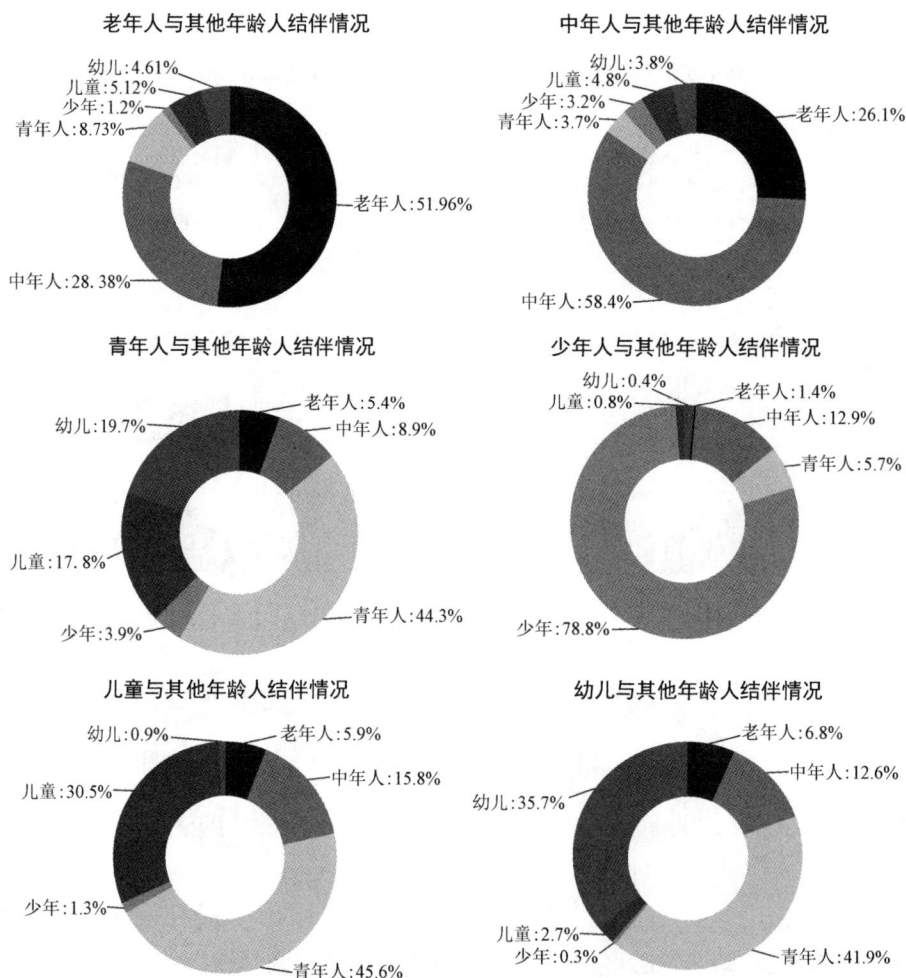

老年人与其他年龄人结伴情况

幼儿:4.61%
儿童:5.12%
少年:1.2%
青年人:8.73%
老年人:51.96%
中年人:28.38%

中年人与其他年龄人结伴情况

幼儿:3.8%
儿童:4.8%
少年:3.2%
青年人:3.7%
老年人:26.1%
中年人:58.4%

青年人与其他年龄人结伴情况

老年人:5.4%
中年人:8.9%
幼儿:19.7%
儿童:17.8%
少年:3.9%
青年人:44.3%

少年人与其他年龄人结伴情况

幼儿:0.4%
儿童:0.8%
老年人:1.4%
中年人:12.9%
青年人:5.7%
少年:78.8%

儿童与其他年龄人结伴情况

幼儿:0.9%
老年人:5.9%
中年人:15.8%
儿童:30.5%
少年:1.3%
青年人:45.6%

幼儿与其他年龄人结伴情况

老年人:6.8%
中年人:12.6%
幼儿:35.7%
儿童:2.7%
少年:0.3%
青年人:41.9%

图 4.25 各年龄群体户外活动结伴对象年龄分布

从上述统计结果可以看出，除了儿童与幼儿群体，其余各年龄群体在外出活动时多数与同龄人结伴活动。除同龄人外与老年人结伴活动较多的为中年群体，占结伴人数的 28%，其中基于趣缘共同活动的情况最多。中年群体除同龄人外，结伴最多的为老年群体，占比为 26%。青年群体担负着看管子女的责任，因此，其与儿童、幼儿结伴情况较前两者比重更高，分别为 18% 和 20%。少年群体与同龄人结伴活动的比重要远高于其他群体，占比为 79%。儿童与幼儿群体在户外活动时更多的是与父母同行，因此其与青年人结伴的比重较高，分别为 46% 和 42%。

4.6.2 各年龄群体活动相互评价

关于"在同一场所中，您觉得哪个年龄人群的活动更容易给您的活动体验带来负面影响？(多选)"这一问题的回复数据如图 4.26 所示。

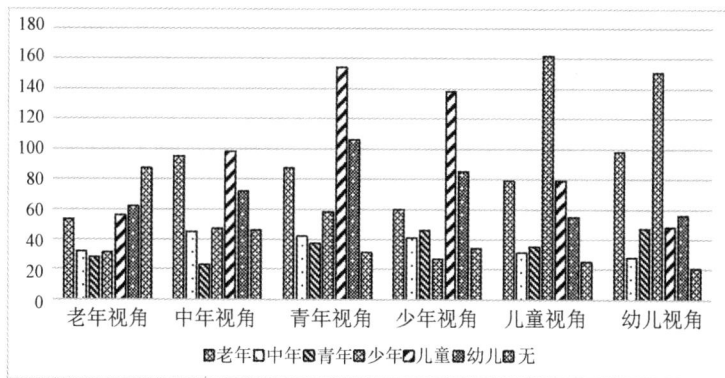

图 4.26 各年龄群体视角下潜在负面影响的活动群体分析

通过对回复数据进行的词频统计可以发现，在共计 10721 字的文本中，有意义的重复词汇共计 169 组，其中"吵闹"一词频次最高，出现次数为 99 次。出现频次大于 10 次的词汇如表 4.12 所示。

表 4.12 相互评价文本高频词汇统计

词汇	词频	词汇	词频	词汇	词频	词汇	词频	词汇	词频	词汇	词频	词汇	词频
吵闹	99	年龄	41	太吵	31	年龄段	26	负面	17	噪声	13	需要	11
活动	60	影响	39	广场舞	31	哭闹	23	担心	16	打扰	13	不懂事	11
孩子	55	喜欢	34	老年人	31	不同	21	危险	16	运动	12	……	
小孩	55	老人	33	乱跑	30	小孩子	20	素质	14	行为	12	……	
安全	43	儿童	32	太小	29	一起	17	家长	14	问题	11	……	

从表 4.12 中可以看出，出现的高频词汇大致可以分为四类：

(1) 行为描述：吵闹、太吵、哭闹、不懂事……

(2) 内容描述：广场舞、运动、乱跑、活动……

(3) 身份描述：孩子、小孩、老人、儿童、老年人、太小、小孩子、家长……

(4) 状态描述：安全、喜欢、影响、不同、负面、担心、危险、打扰、需要……

此外，在询问的过程中可以明显地发现，负面影响不仅来自主体对其他人的排斥，还来自主体因担心伤害、干扰其他人而造成的困扰。

由调查数据可以发现：

第一，老年人以"无"作为选项的人次最高，说明其对各年龄群体的包容程度相对较高。

第二，各年龄群体视角中，老年群体是能够带来潜在负面影响的使用群体，虽然均不是最突出群体，但具有普遍性。

第三，儿童、幼儿群体对老年、中年、青年和少年群体来说，是能够带来潜在负面影响的主要群体，且儿童群体更为突出。

第四，在儿童和幼儿群体视角下，少年群体被视为能够带来潜在负面影响的主要群体。

4.6.3　观察记录总结

通过实地观察可以发现：

(1) 在运动、休闲场所中，同龄人有着明显的聚集效应。

(2) 城市公共空间中，使用者对熟人的接纳程度要远高于陌生人。

(3) 老年群体的社交活动多围绕存在休息及遮阴设施要素的场所展开。

(4) 中年群体的社交活动多围绕有健身器材或健身场地的场所展开。

(5) 中老年群体中与隔代亲友结伴活动的比重很低，多为同龄人结伴。

(6) 在以中老年人为主的健身、广场舞、健身操、乒乓球等活动中，偶尔会有青年人参与其中。

(7) 幼儿、儿童的看护者多以青年群体为主，携孙老年人在看护者中的比重并不高。

4.6.4　各年龄群体人际维度需求差序特征

由于城市公共空间中使用者对熟人与陌生人的接纳程度存在着明显差异，

因而不能简单地将个体与其他个体的人际交往归为一个整体。因此，本研究将人际维度的需求差序分为了陌生人环境与熟人环境两大类。结伴情况旨在反映熟人环境下的人际需求，而相互评价旨在反映无差别的陌生人环境下的人际需求。

结合场地中对于"吸引"与"排斥"的观察以及问卷数据可以看出，不同年龄群体对其他年龄群体的包容性程度存在差异，将其以需求差序的方式表达出来如表 4.13 和表 4.14 所示。

表 4.13　各年龄群体对陌生人环境人际需求差序

各年龄群体	需 求 差 序					
	第一位	第二位	第三位	第四位	第五位	第六位
老年群体视角	青年	少年	中年	老年	儿童	幼儿
中年群体视角	青年	中年	少年	幼儿	老年	儿童
青年群体视角	青年	中年	少年	老年	儿童	幼儿
少年群体视角	少年	中年	青年	老年	幼儿	儿童
儿童群体视角	中年	青年	幼儿	儿童	老年	少年
幼儿群体视角	中年	青年	儿童	幼儿	老年	少年

表 4.14　各年龄群体对熟人环境人际需求差序

各年龄群体	需 求 差 序					
	第一位	第二位	第三位	第四位	第五位	第六位
老年群体视角	老年	中年	青年	儿童	幼儿	少年
中年群体视角	中年	老年	儿童	幼儿	青年	少年
青年群体视角	青年	幼儿	儿童	中年	老年	少年
少年群体视角	少年	中年	青年	老年	儿童	幼儿
儿童群体视角	青年	儿童	中年	老年	少年	幼儿
幼儿群体视角	青年	幼儿	中年	老年	儿童	少年

第五章　老年群体视角下的需求
差序对比及包容性分析

本章基于前一章的实证调研数据，对各年龄群体的不同维度的需求差序进行了对比分析，主要从老年群体的视角出发，对比了不同年龄群体与老年群体在城市公共空间的需求方面的差异程度；结合问卷、访谈和观察数据对各年龄群体所表现出的需求差序特征进行了解读，并以需求差序的差异性程度对城市公共空间中老年群体与其他各年龄群体的包容性关系进行了分析。

5.1　对比分析的逻辑与步骤

对比分析的基本逻辑是将整体拆分再进行解读，即"整体→分解→解析"。这里的整体包括两部分：一是城市公共空间的使用者，分析过程中笔者按照年龄分层理论将使用者这一整体分为了老年群体(65岁以上)、中年群体(41~65岁)、青年群体(18~40岁)、少年群体(7~17岁)、儿童群体(3~6岁)和幼儿群体(0~3岁)6个部分；二是使用者需求的分解，与前文一致，按时间维度、空间维度、功能维度、环境维度和人际维度五个部分进行分解。通过对分项的对比可以了解城市公共空间中老年群体与其他年龄群体的包容性关系，并探寻提升空间包容性的可行途径。

对比分析分为四个步骤：对比关系的确立、需求差序的赋值、需求差序的量化对比和差异性与包容性的关系转换，如图5.1所示。

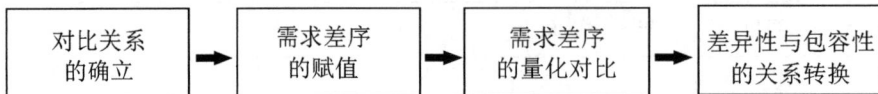

对比关系
的确立　→　需求差序
的赋值　→　需求差序
的量化对比　→　差异性与包容性
的关系转换

图5.1　对比分析步骤

5.1.1　对比关系的确立

在对多年龄群体进行对比分析时，首先要明确样本之间的对比关系。本研究在分析过程中，将对比的人群分为了"主视角群体"和"对比群体"两类。主视角群体作为单一项与对比群体中的各项进行逐一对比(如图 5.2 所示)。未将各项进行交叉对比的原因在于一方面这样能够有效地聚焦研究问题，凸显本书研究的切入点，另一方面所得结果会具有明确的指向性，能够有效形成指导实践的具体对策。

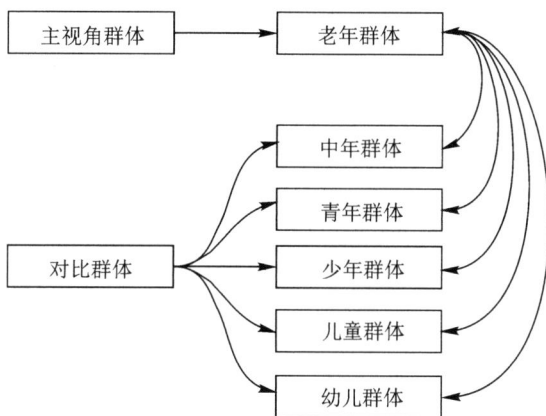

图 5.2　各年龄群体对比关系

本书以老龄化作为研究背景，旨在通过研究老年群体与其他各年龄群体对城市公共空间各类需求的差异性来分析其间的包容性关系。因而，笔者将老年群体设定为分析的主视角群体，将中年、青年、少年、儿童以及幼儿群体作为对比群体。将对比群体中五个维度的需求差序与主视角群体的需求差序进行对比可分析老年群体与其他各年龄群体的需求差异程度。

5.1.2　需求差序的赋值

使用者对城市公共空间的需求具有主观性和复杂性，因而难以对其进行精确的定量描述。本书以动机理论中的需要层次理论为支撑，将使用者需求按照优先次序关系以需求差序的形式进行描述，通过对样本数据的层级化分类，对使用者需求差序进行赋值，进而达到消解主观性和复杂性导致的难以定量的问题。虽然需求差序缺少了数据描述的精准度，但依然可以反映出使用者的需求特征，并能够提供有效的定量化分析途径。

需求差序本身是统计数据定性后的结果，表达了使用者在某一维度的需求优先次序。借鉴李克特量表和 AHP 评价尺度的思路对需求差序中的各项进行赋值，其目的在于能够以定量化的形式将不同群体的需求进行比对分析。以群体 X 为例，X 对于需求项 a、b、c、d、e 的排序为 X：$[a, b, d, c, e]$，序列个数数量为 5，按照次序进行赋值则 $a=5$，$b=4$，$d=3$，$c=2$，$e=1$，如表 5.1 所示(数据较少，不具有统计意义的选项不论次位，重要程度均按照 1 算，不同项的数值差异不明显则与前一顺位赋相等的值)。

表 5.1　需求差序赋值

次序	第一位	第二位	第三位	第四位	第五位
项	a	b	d	c	e
值	5	4	3	2	1

5.1.3　需求差序的量化对比

需求差序对比分析的基本逻辑是将主视角群体(老年群体)五个维度的需求差序与对比群体(中年、青年、少年、儿童、幼儿群体)中每个群体的五个维度需求差序进行对应的逐一对比，进而分析每个维度下老年群体与其他年龄群体的需求差异及差异程度。

采用的分析方法有两种：时间、空间、功能和人际维度的需求差序选择层次分析法(Analytic Hierarchy Process, AHP)的分析逻辑进行比对分析；而环境维度由于差序表达的是环境要素集合，因此采用基于集合度量(Set Based Measure)的分析方法。

1. 基于层次分析法的分析方法

层次分析法是 Thomas L. Saaty 教授于 20 世纪 70 年代提出的一种适用的多准则决策方法。它把一个复杂的决策问题表示为一个有序的递阶层次结构，并通过人们的主观判断和科学计算得出备选方案的优劣顺序。层次分析法可以分为三个步骤：建构层次分析模型、建立判断矩阵和权重计算。本书利用层次分析法进行对比分析并不是为求得某个最终决策方案，而是利用所得权重来判断需求的差异程度。

(1) 建构层次分析模型。

每个维度的需求差序对比的层次分析模型分为三层：首层(目标层)，与老年群体需求近似的使用群体；中层(准则层)，需求差序中的排序要素，如功能维度中的安全需求、美观需求、社交需求等；底层(方案层)，各年龄群体，即中年、青年、少年、儿童和幼儿群体，如图 5.3 所示。

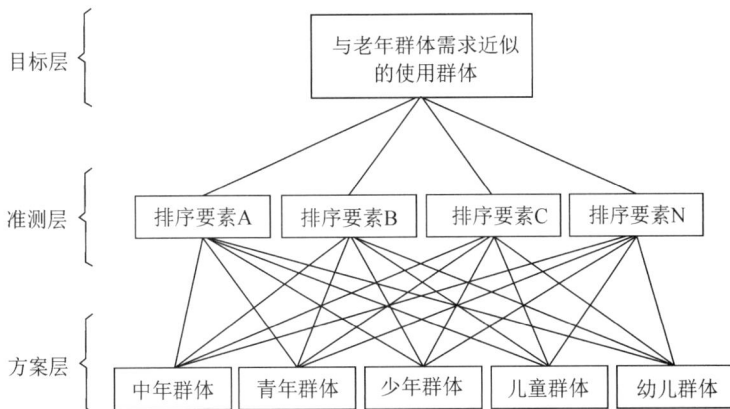

图 5.3 层次分析模型框架

(2) 建立判断矩阵。

判断矩阵的建立是层次分析法中的重要步骤，建立判断矩阵的目的在于通过对同一层次中的各个要素进行两两相互重要程度的比较来计算各要素的重要程度权重。判断矩阵的建构方法如表 5.2 所示。其中，Y_{ij} 表示要素 Y_i 与要素 Y_j 对于目标 X 而言的相对重要性程度。书中，相对重要性数值则由原本依据 AHP 评价尺度进行的专家打分替换为由调研所得的赋值需求差序。

表 5.2 判断矩阵建构方法

X	Y_1	Y_2	...	Y_i	...	Y_j	...	Y_n
Y_1	Y_{11}	Y_{12}	...	Y_{1i}	...	Y_{1j}	...	Y_{1n}
Y_2	Y_{21}	Y_{22}	...	Y_{2i}	...	Y_{2j}	...	Y_{2n}
...	...	...	...	...	...	...	...	...
Y_i	Y_{i1}	Y_{i2}	...	Y_{ii}	...	Y_{ij}	...	Y_{in}
...	...	...	...	...	...	...	...	...
Y_j	Y_{j1}	Y_{j2}	...	Y_{ji}	...	Y_{jj}	...	Y_{jn}
...	...	...	...	...	...	...	...	...
Y_n	Y_{n1}	Y_{n2}	...	Y_{ni}	...	Y_{nj}	...	Y_{nn}

(3) 权重计算。

以表 5.2 为例，矩阵 X 中指标权重计算过程如下：

步骤 1：X 中元素按列归一化，即求

$$\overline{Y}_{ji} = \frac{y_{ij}}{\sum\limits_{k=1}^{n} Y_{kj}}, \quad i, j = 1, 2, \cdots, n$$

步骤 2：将归一化后的矩阵的同一行的各列相加，即

$$\widetilde{w_i} = \sum_{j=1}^{n} \overline{Y}_{ij}, \quad i = 1, 2, \cdots, n$$

步骤 3：将相加后的向量除以 n 即得权重向量，即

$$w_i = \frac{\widetilde{w_i}}{n}$$

步骤 4：计算最大特征根为，

$$\lambda_{max} = \frac{1}{n} \sum_{i=1}^{n} \frac{(Xw)_i}{w_i}$$

其中，$(Xw)_i$ 为向量 Xw 的第 i 个分量。

步骤 5：一致性检测，AHP 中的矩阵是基于主观判断比较的，为确保主观比较的逻辑合理性，所构建的判断矩阵需要通过一致性检测。

一致性指标 CI(consistency index)：$CI = \dfrac{\lambda_{max} - n}{n-1}$；

一致性比率 CR(consistency ratio)：$CR = \dfrac{CI}{RI}$，RI 为随机一致性指标，不同的指标数量(n)对应着不同 RI 值，见表 5.3。当 CR＜0.1 时，认定一致性通过，反之则需要对比较判断矩阵数值进行修正。

表 5.3 随机一致性指标

n	3	4	5	6	7	8	9	10	11	12	13	14
RI	0.58	0.89	1.12	1.24	1.32	1.41	1.45	1.49	1.52	1.54	1.56	1.58

最后，根据判断矩阵所得权重来以具体数值判断主视角群体与对比群体的需求差异程度，其分析步骤在此不做赘述。

2. 基于集合度量的分析方法

由于环境维度的需求差序内容是具体的环境设施要素集合,无法进行赋值,因而选择基于集合度量的分析方法进行分析。

以序列 X: [a, b, c, d]和 Y: [a, c, b, d]为例。依次计算它们前 n 个各元素组成的两个集合的交集,以及交集大小相对于当前深度的比例,如表 5.4 所示。将各深度所求得的比例相加并除以 n 便求得相似度,即

$$R(X，Y，n) = \frac{1 + 0.5 + 1 + 1}{4} = 0.875$$

表 5.4　集合度量方法

深度	序列 X 的前 n 各元素	序列 Y 的前 n 各元素	交集	比例
1	a	a	{a}	1/1
2	a, b	a, c	{a}	1/2
3	a, b, c	a, c, b	{a, b, c}	3/3
4	a, b, c, d	a, c, b, d	{a, b, c, d}	4/4

3. 单一差序与多重差序

鉴于实证研究的可行性,调研内容选项无法进行过于繁杂的细分,因此会将选项进行简化提炼,在简化过程中丢失的信息会导致只依靠单一的需求差序无法体现该维度需求特征的真实情况,所以在该种情况下选择了根据多种需求差序进行综合判断的方法来反映该维度需求特征的真实情况。以功能维度为例,老年群体与儿童群体在活动内容方面,对休闲娱乐活动同样重视,但这并不表示其休闲娱乐的活动方式也具有相似性。因此,应当根据需求偏好的差序对活动内容的需求差序进行叠加分析。

假设在某一维度中存在两个方面的需求差序 A 和 B,通过层次分析法的计算求得某年龄群体与老年群体需求相似群体的权重为 W_A 和 W_B,那么定义该维度中青年群体与老年群体需求相似程度的关系值 $R = W_A \cdot W_B$,R 值越大则相似度越接近。(注:R 值只能反映不同年龄群体与老年群体对于城市公共空间需求相似程度的大小关系,并不具备精确的数学含义。)

5.1.4　差异性与包容性的关系转换

本书将不同年龄群体的需求差异与包容性程度关系界定为了"正相关"和

"负相关"两种情况。其中"时间维度"和"空间维度"需求差异与包容性程度呈正相关关系,即在该维度下需求差异程度越高,包容性程度越高;而"功能维度""环境维度"和"人际维度"的需求差异程度与包容性程度呈负相关,即在该维度下需求差异程度越低则包容性程度越高(如表 5.5 所示)。

表 5.5　需求差异性与包容性的关系转换

类　型	维　度	关　系　描　述
正相关	时间维度 空间维度	需求差异程度越高,则包容性程度越高
负相关	功能维度 环境维度 人际维度	需求差异程度越低,则包容性程度越高

正相关情况中的时间与空间维度体现的是使用者对于使用时段和场地类型的需求。各使用时段或类型场地的需求差异程度低,则意味着不同使用者在同一时空限定下对城市公共空间使用的重叠程度越高,因此判定该情况下的包容性程度越低,反之则越高。

负相关情况中的功能、环境、人际维度体现了使用者对城市公共空间广义环境层面的需求。不同群体对某一类功能、环境设施或者人际关系的需求差异程度越低,则意味着他们对于该要素的可共享程度越高,因此判定该情况下的他们之间的包容性程度越高,反之则越低。

5.2　时间维度的需求差异及包容性分析

5.2.1　时间维度的需求差序对比分析

1. 基于活动时段需求差序的差异性对比

结合层次分析法的分析逻辑,可建构活动时段需求差序的层次分析模型。首层(目标层)为"与老年群体需求相似的群体",中间层(准则层)分别为一日中6:00—24:00 的各时段(本文将每两小时归为一个时段),方案层为其他各年龄群体。活动时段层次分析模型如图 5.4 所示。

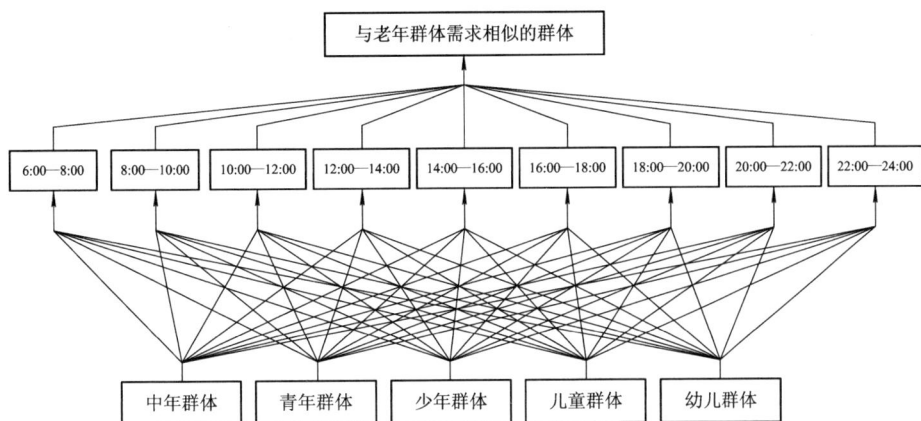

图 5.4　活动时段层次分析模型

　　根据实证研究 4.2.4 章节所得到的需求差序进行判断矩阵的建构与权重计算(此处省略计算过程)，所得结果如表 5.6 所示。

表 5.6　活动时段层面各年龄群体与老年群体需求差序差异程度

各年龄群体	活动时段				
	6:00—8:00 (0.1778)	8:00—10:00 (0.2000)	10:00—12:00 (0.1111)	12:00—14:00 (0.0667)	14:00—16:00 (0.1556)
中年	0.3636	0.3333	0.1818	0.1176	0.1765
青年	0.0909	0.1667	0.2013	0.1176	0.1765
少年	0.1818	0.1667	0.1208	0.3529	0.2059
儿童	0.2727	0.1667	0.1338	0.1176	0.2647
幼儿	0.0909	0.1667	0.3624	0.2941	0.1765
	16:00—18:00 (0.1333)	18:00—20:00 (0.0889)	20:00—22:00 (0.0444)	22:00—24:00 (0.0222)	综合权重
中年	0.1842	0.2195	0.1200	0.1250	0.2390
青年	0.1842	0.2195	0.3200	0.3750	0.1738
少年	0.2105	0.2195	0.2000	0.1250	0.1939
儿童	0.2105	0.1707	0.2400	0.1250	0.2024
幼儿	0.2105	0.1707	0.1200	0.2500	0.1910

　　根据综合权重的计算结果可以看出，在活动时段层面上，老年群体与中年

群体的需求最为近似，随后依次是儿童群体、少年群体、幼儿群体，最后是青年群体。

2. 基于活动频次的差异性对比

根据活动频次需求差序建立的层次分析模型，首层同样是"与老年群体需求相似的群体"，准则层为不同的活动频次，方案层为各年龄群体，具体图 5.5 所示。

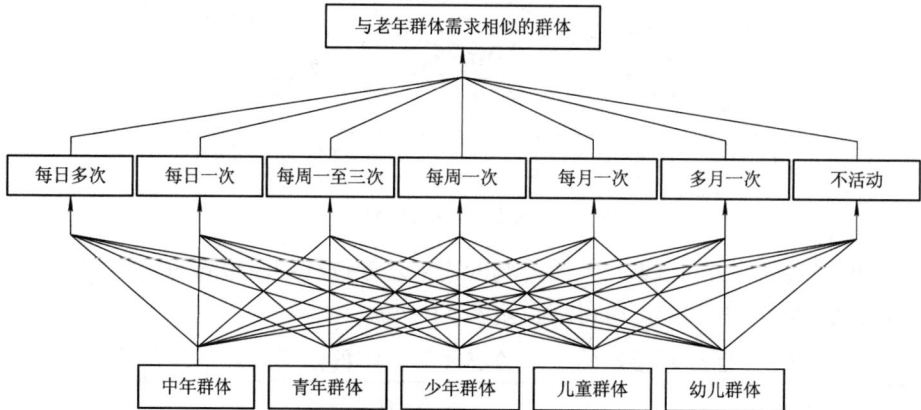

图 5.5　活动频次层次分析模型

根据 4.2.4 章节的需求差序列表进行判断矩阵建构与权重计算(过程省略)，所得结果如表 5.7 所示。

表 5.7　活动频次层面各年龄群体与老年群体需求差序差异程度

各年龄群体	活 动 频 次							综合权重
	每日多次 (0.2143)	每日一次 (0.2500)	每周1~3次 (0.1786)	每周一次 (0.1071)	每月一次 (0.1429)	多月一次 (0.0714)	不活动 (0.0357)	
中年	0.2593	0.2071	0.1613	0.1739	0.1429	0.3333	0.1429	0.2041
青年	0.1481	0.1997	0.2258	0.2174	0.2143	0.2222	0.1429	0.1969
少年	0.1481	0.1790	0.2258	0.2609	0.2143	0.1111	0.2857	0.1935
儿童	0.1852	0.2071	0.2258	0.1739	0.2143	0.2222	0.1429	0.2020
幼儿	0.2593	0.2071	0.1613	0.1739	0.2143	0.1111	0.2857	0.2035

老年群体选择的活动频次主要集中在"每日一次"和"每日多次"这两个选项中。根据上述权重计算可以发现，在活动频次方面中年群体与老年群体的活动频次最为相似，随后依次为幼儿群体、儿童群体、青年群体和少年群体。

3. 时间维度需求差异性的综合对比

结合活动时段和活动频次的两组权重结果对时间维度整体的需求差异性进行综合对比,计算需求相似值 R 可以发现:在活动时间需求维度中,老年群体与中年群体的需求最为相似,随后依次为儿童群体、少年群体、幼儿群体,青年群体与老年群体的活动时间需求差异性最大,具体如表 5.8 所示。

表 5.8　时间维度面各年龄群体与老年群体需求差序差异程度

各年龄群体	时 间 维 度		
	活动时段	活动频次	R 值
中年群体	0.2558	0.2041	0.0522
青年群体	0.1699	0.1969	0.0335
少年群体	0.1990	0.1935	0.0385
儿童群体	0.2060	0.2020	0.0416
幼儿群体	0.1692	0.2035	0.0344

5.2.2　时间维度的需求差序特征解读

从活动时段分布上看,老年群体活动高峰时段主要集中在早上 6:00—10:00 以及下午 14:00—16:00,其中上午 8:00—10:00 也是中年群体活动较为集中的时段,而下午 14:00—16:00 儿童群体活动同样较为集中。此外,中年、青年和少年群体在晚饭后的 18:00—20:00 也存在活动高峰,而老年群体在该时段的活动人数已逐渐减少,在活动时间上并不存在明显的重叠。相对老年群体,幼儿群体活动的高峰时段相对延后 1～2 小时,多集中于上午的 10:00—12:00 和下午饭前后的 16:00—18:00 及 18:00—20:00。活动时段的分布体现了不同群体在日常户外活动时对不同时段的需求程度,其中老年群体与其他年龄群体的需求多数情况下并不存在明显的重叠。

在活动频次层面,老年群体多以每日活动一次为主,中年和幼儿群体的活动频次需求程度相对较高,多以每日多次为主。青年、少年和儿童群体的活动频次需求程度相对较低,多以每周 1～3 次为主。

在时间维度中,不同年龄群体对于城市公共空间使用时间的需求特征在不同程度上存在着差异性,结合观察、问卷数据与访谈内容,大致可将影响使用者活动时间的原因归纳为以下三类:

(1) 生活方式的影响。

生活方式对城市公共空间使用者在时间维度的需求有着重要影响。一方面，不同年龄群体拥有的闲暇时间的长短不同，因此在活动频次上出现了差异。数据显示，能够选择每日多次外出活动的人群主要集中在老年、中年和幼儿群体之中，造成这种现象的很大一部分原因在于这三类群体在生活方式上较少受制于上班或学习的限制，拥有更多可自由支配的时间。另一方面，生活方式还在很大程度上影响了不同使用者活动时段的选择。由于朝九晚五的工作制度，青年群体的户外活动更多集中在了晚饭后 18:00—20:00 时段。在调研过程中发现，部分中老年群体在上午的活动过程，还体现了家务工作对老年群体的活动内容的影响，部分中老年人会在健身活动的前后顺便完成买菜的工作(如图 5.6 所示)。

图 5.6　上班途中的青年人与买菜的老年人(拍摄时间：上午 8:00 和下午 6:00)

(2) 环境需求的影响。

对于老年、中年和幼儿群体此类拥有更多可支配时间的使用群体而言，活动时段的选择还受到了个人对环境需求偏好的影响，其中温度和日照是较为重要的两个因素。笔者在对这些群体进行观察和询问的过程中发现，使用者对"能够晒到太阳"有着更为明显的要求，这在很大程度上解释了为什么老年群体的活动时段多集中在了具有良好日照的 8:00—10:00 和 14:00—16:00 这两个时段(如图 5.7 所示)，中年群体对活动时段的选择也体现出了这样的规律。

图 5.7　晒太阳的老年人(拍摄时间：上午 9:00 和下午 3:00)

(3) 结伴制约的影响。

城市公共空间中使用者活动的时间需求还受到了活动时结伴情况的影响。绝大多数情况下儿童和幼儿群体活动时都会有长辈进行看护，因此他们的活动时间在很大程度上取决于看护者的活动时间(如图 5.8 所示)。对于广场舞团、歌唱团等活动团体而言，不同个体最终会选择一个相互能够接受的活动时间作为约定。不论是看护者对孩童，还是不同使用者对活动时间的默契约定，其本质都反映了个体活动时间与他人活动时间相互制约的一种关系。

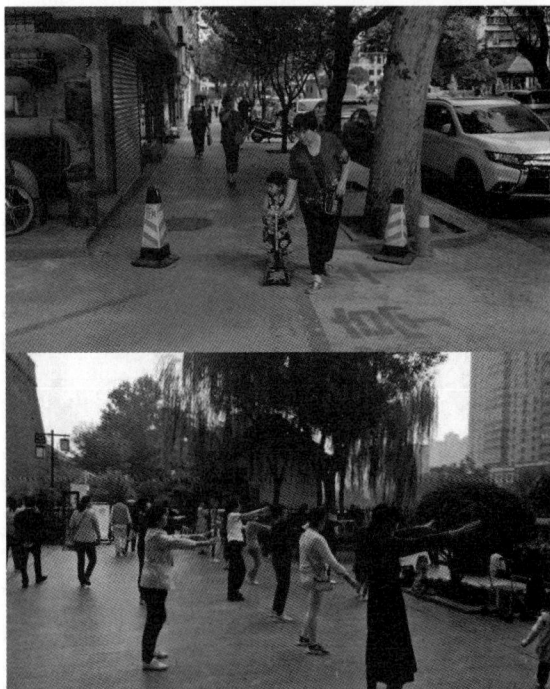

图 5.8   看护结伴与团体结伴(拍摄时间下午 4:30 和上午 9:00)

5.2.3   时间维度的包容性及提升途径分析

对比结果显示,在时间维度中,老年群体与青年群体的需求差异程度最大,随后依次为幼儿群体、少年群体、儿童群体和中年群体。这意味着青年群体与老年群体在活动时间上重叠的概率最小,而中年群体与老年群体活动时间的重叠概率最大。时间维度中差异程度大小与包容性属于正相关关系,即差异程度越大、包容性越强。因此可以认为:时间维度中,老年群体与青年群体的包容性最强,随后依次为幼儿群体、少年群体、儿童群体;中年群体与老年群体的包容性最弱。

按照需求差序将不同时段进行分层设色,颜色越深代表需求程度越高,可得到各年龄群体活动时段设色对比分析,如图 5.9 所示。从图中可以看出,从老群体视角出发,其活动需求程度较高的三个时段中(8:00—10:00、6:00—8:00、14:00—16:00),同样需求程度高的群体主要为中年群体和儿童群体,而其他群体较高需求的活动时段与其并不存在明显的重叠。这意味着,老年群体对除了中年与儿童群体的其他群体而言,在活动时段的层面本身就具有自发的包容性优势，这种自发优势可以理解为"差序理论"中矛盾属性的反向作用。

各年龄群体活动时段设色分析

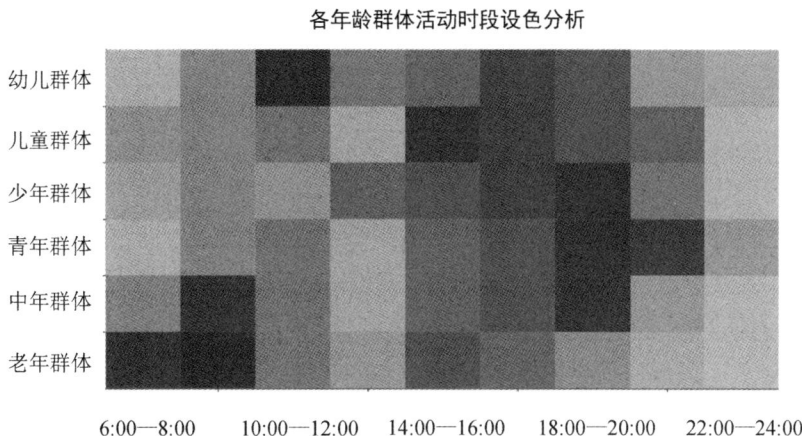

图 5.9　各年龄群体活动时段设色对比分析

对于有限的城市公共空间资源而言，应当有效利用时间维度上自发的包容性优势来提升空间使用的公平性与效率性。一方面，可以通过设施、环境氛围等要素的灵活调整来满足不同时段中主要使用群体的需求，强调该时段主导使用者对空间的主导性，通过物质环境对行为的引导作用来对纵向的时间进行分界，进而达到不同时段能被最主要使用者最大化利用的目的。另一方面，应当通过场地后期管理和运营进一步促进不同群体对同一场地使用时段的默契分配机制的形成。当然，在活动时间层面并不是不存在活动时间需求重叠的群体，在时间维度中无法调节的使用群体间的包容性提升途径则需通过其他维度来提供。

5.3　空间维度的需求差异及包容性分析

5.3.1　空间维度的需求差序对比

1. 基于场地类型需求差序的差异对比

场地类型层面的层次分析模型同样分为三层。首层与之前一致，即"与老年群体需求相似的群体"。中间层为本书因调研所界定的五类城市公共空间场地，即公园和广场类、小区活动场类、邻里街道类、商业街市类、市政道路类。底层依然为非老年群体的其余五类年龄群体，具体如图 5.10 所示。

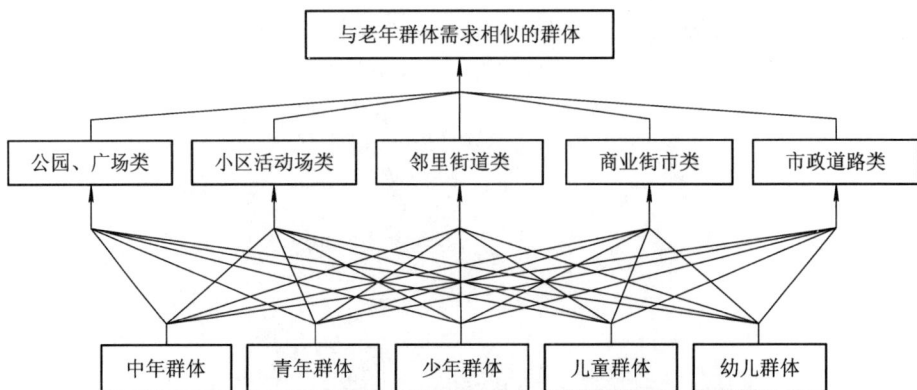

图 5.10　场地类型层面需求层次模型

根据 4.3.4 章节的表 4.4 中各年龄群体对不同类型城市公共空间的需求差序建构判断矩阵并计算权重(计算过程省略)，可以得出场地类型层面各年龄群体与老年群体需求差序的差异程度(如表 5.9 所示)。

表 5.9　场地类型层面各年龄群体与老年群体需求差序差异程度

各年龄群体	需求差异程度值					
	公园、广场类 (0.3333)	小区活动场类 (0.2667)	邻里街道类 (0.2000)	商业街市类 (0.1333)	市政道路类 (0.0667)	综合权重
中年群体	0.2381	0.1667	0.2000	0.2000	0.2000	0.2038
青年群体	0.1905	0.2038	0.2000	0.2000	0.2000	0.1990
少年群体	0.1905	0.2038	0.2000	0.2000	0.2000	0.1990
儿童群体	0.1905	0.2038	0.2000	0.2000	0.2000	0.1990
幼儿群体	0.1905	0.2038	0.2000	0.2000	0.2000	0.1990

从计算结果可以发现，各年龄群体对不同类型的城市公共空间场地需求存在着相似性，而综合权重显示中年群体与老年群体相对于其他群体而言需求的相似性程度更高。值得注意的是，该结果只能反映使用者主观意愿的需求差异，使用者对城市公共空间在空间维度的现实需求情况还应当结合人数比重、距离需求的权重进行综合计算。

2. 基于使用距离需求差序的差异对比

使用距离需求差序的层次分析模型首层与底层与场地类型层面的层次分析模型一致。中间层为不同步行时长选项，按照步行距离远近，依次为：5 分钟以内，5～15 分钟，15～30 分钟，30 分钟以上。该模型如图 5.11 所示。

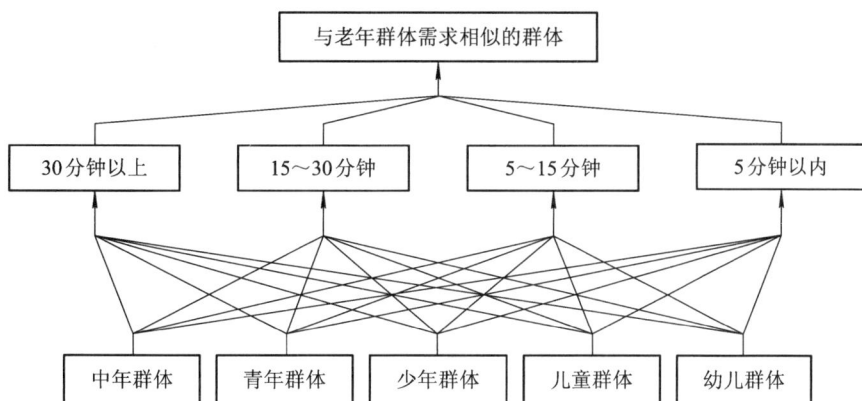

图 5.11　活动距离层面需求层次模型

根据 4.3.4 的表 4.5 中各年龄群体外出活动步行距离的需求差序建构判断矩阵并计算权重(计算过程省略)，其结果如表 5.10 所示。

表 5.10　活动距离层面各年龄群体与老年群体需求差序差异程度

各年龄群体	需求差异程度值				
	30 分钟以上 (0.4000)	15～30 分钟 (0.3000)	5～15 分钟 (0.2000)	5 分钟以内 (0.1000)	综合权重
中年群体	0.2500	0.2000	0.1429	0.2000	0.2086
青年群体	0.2500	0.2000	0.1429	0.2000	0.2086
少年群体	0.2500	0.2000	0.1429	0.2000	0.2086
儿童群体	0.1250	0.2000	0.2587	0.2000	0.1871
幼儿群体	0.1250	0.2000	0.2587	0.2000	0.1871

从上表可以发现，在活动距离的需求方面，中年、青年和少年群体与老年人更为相似，而儿童、幼儿群体与老年人需求的差异性相对较大。从"30 分钟以上"选项的权重可以看出，老年群体与前三类群体对较远距离的外出活动有着更高的接受程度，而儿童与幼儿群体则更愿意选择 5～15 分钟步行距离的户外场所活动。对于老年群体整体而言，年龄增长与活动能力在一定程度上的衰退对活动距离的限制影响表现并不明显。

3.　空间维度需求差异性的综合对比

空间维度的需求差异对比分析结合了活动场地类型需求与出行距离需求两组需求差序进行对比，为反映空间使用者客观的使用需求现状，在两组权重之上还应当考虑场地中除去老年群体后不同人群比重的关系。计算相似值 R 空间可以发现(如表 5.11 所示): 在空间维度中, 老年人与中年人的需求差异最小, 随后依次是青年群体、少年群体、儿童群体和幼儿群体; 其中少年、儿童和幼儿群体与老年群体的需求差异程度要远高于成年群体。

表 5.11 空间维度各年龄群体与老年群体需求差序差异程度

各年龄群体	需求差异程度值			
	场地类型	活动距离	人群比重	R 值
中年群体	0.2038	0.2086	0.451	0.0192
青年群体	0.1990	0.2086	0.377	0.0156
少年群体	0.1990	0.2086	0.073	0.0030
儿童群体	0.1990	0.1871	0.052	0.0019
幼儿群体	0.1990	0.1871	0.047	0.0017

5.3.2 空间维度的需求差序特征解读

使用者在不同类型城市公共空间的分布情况, 在一定程度上反映了其对不同类型场地的需求程度。整体上看各年龄群体在该层面的需求差异程度并不大。不同类型的场地中, 公园、广场类和小区活动场类的使用需求程度普遍较高, 其中老年和中年群体更为重视前者, 其他年龄群体更为重视后者。相对而言, 老年群体对邻里街道类场地的需求程度要略高于其他年龄群体, 他们对商业街市类场地的使用需求要略低于其他年龄群体。市政道路类场地对所有年龄群体而言需求程度最低。活动空间类型各项需求差异如图 5.12 所示。

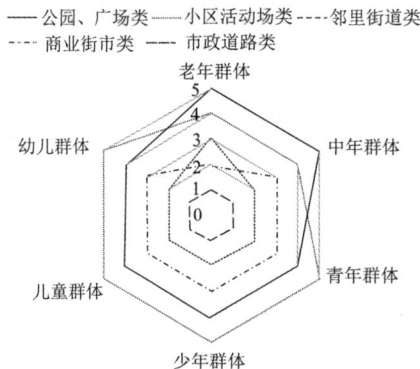

图 5.12 活动空间类型各项需求差异

在活动距离需求方面, 老年群体与中年、青年和少年群体基本一致, 多数人都能够接受 30 分钟以上的步行距离；儿童和幼儿群体与老年群体存在较为明显的差异，其多选择 5～15 分钟的步行距离，对较远的 30 分钟以上步行距离接受程度较低，具体如图 5.13 所示。

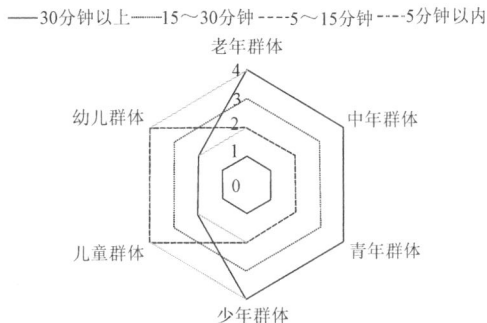

图 5.13　活动距离各项需求差异

面对不同类型的城市公共空间场所，使用者会依据自身需求选择能够满足自身需求的场所。空间维度的需求差序主要通过不同类型场地中各年龄群体活动人数的分布以及各群体对活动步行距离的需求来反映。结合观察、问卷及访谈的相关数据，形成空间维度需求差序特征的原因主要可以归为以下四类：

(1) 生活方式的影响。

与时间维度一样，生活方式对人们在空间维度的需求也有着重要影响。生活方式决定了日常的活动内容以及可支配闲暇的时间。从不同类型场地中的各年龄群体人数比重统计可以看出，具有通行功能的场地内青年群体比重普遍较高，其中在市政道路类场地中的占比更是高达 41%，这可能与青年群体每日的工作通勤需求有着很大关联性(如图 5.14 所示)。拥有更多闲暇时间的中老年群体更多集中在公园、广场和小区活动场等更具休闲性质的场所中。在对少年群体的询问中发现，由于课余时间的珍贵，他们不愿意专门投入更多时间在去往活动场地的路途中，因此更多选择了小区内部的活动场地来满足活动需求。

图 5.14　路途中的少年和青年

　　(2) 活动能力的影响。

　　使用者对活动空间的需求差序还受到活动能力的影响。以儿童和幼儿群体为例，此类群体在出行距离的需求选项中多选择了 5~15 分钟的步行距离，相对于其他年龄群体出行距离较短。其很大一部分原因在于儿童、幼儿的活动能力较弱。一方面他们无法坚持长距离的出行。另一方面，其对环境的适应能力相对较低，应对外部危险环境的能力也较弱，而远距离的外出活动更容易给其带来潜在危险。同样，老年群体中活动能力相对较弱的人群也表示了对远距离出行的风险的担忧。同样是进行休闲，活动能力较弱的高老人群更愿意选择距离较近的小区内部活动场所，而放弃环境质量较好但距离较远的公园空间(如图 5.15 所示)。

图 5.15　就近活动的老年人们

　　(3) 环境偏好的影响。

　　在活动时间和活动能力允许的情况下，居民更倾向于选择环境质量更高的场所满足活动需求。这在一定程度上解释了大多数中老年群体选择公园、广场类场地的原因。调研范围内的公园、广场的环境质量普遍高于其他场所。在访谈过程中，也有被访者表达了对公园中植物绿化和活动氛围的偏好，一些儿童、幼儿的家长则表达了对无机动车活动环境的需求。

(4) 兴趣偏好的影响。

个人的兴趣偏好对其活动场地的选择有着重要影响。场地类型和场地中所包含的器械设施限定了场地所能提供的功能，而使用者会根据自身的兴趣偏好去选择活动场地(如图 5.16 所示)。兴趣偏好影响下的活动场地选择有着明显的聚集效应，相似偏好的人会更容易聚集在一起。观察中可以明显发现，中老年男性对乒乓球的偏好、中老年女性对广场舞的偏好以及青年人对篮球的偏好等，都显示出了其对活动空间选择的聚集效应。以散步为例，青年群体中较少有人将散步作为专门的活动内容，而中老年群体普遍将散步看做一个兼顾休闲与康体作用的活动。这也在一定程度上解释了活动能力较弱的老年群体依然能够接受 30 分钟以上步行外出活动距离的原因。

图 5.16　打乒乓球的中老年人和打篮球的青年人

5.3.3　空间维度的包容性及提升途径分析

对比结果显示，在空间维度中，老年群体与幼儿群体的需求差异性最大，随后依次是儿童群体、少年群体、青年群体，差异性最小的是中年群体。空间维度中差异性与包容性关系属于正相关关系，这意味着在活动空间层面上中年群体与老年群体的重叠概率最大，幼儿群体最小，即老年群体与中年群体的包容性程度最低，随后依次为青年群体，少年群体、儿童群体、包容性程度最高的群体为幼儿群体。

对城市公共空间整体而言，空间维度中理想的包容性提升途径可以从两方面切入。一方面可以为使用者提供更多的选择可能性，通过对环境质量的整体提升让使用者可以在更多场所满足其对活动环境的偏好，而不是只寄希望于公园、广场类场地，从而达到稀释现有优质场地的使用人数的目的。另一方面可以利用场地功能设施的引导，针对不同年龄群体的兴趣偏好，利用场地功能设施对使用者的活动空间进行聚集或分散的引导，从而到达促进交往和避免冲突的目的。

5.4 功能维度的需求差异及包容性分析

5.4.1 功能维度的需求差序对比

1. 基于活动内容需求差序的差异性对比

与空间维度的需求差序对比一致，该层面的层次分析模型，首层与底层不变，中间层为各类活动内容，分别是运动康体、休闲娱乐、社会交往、购物、学习认知和工作。具体层次分析模型如图 5.17 所示。

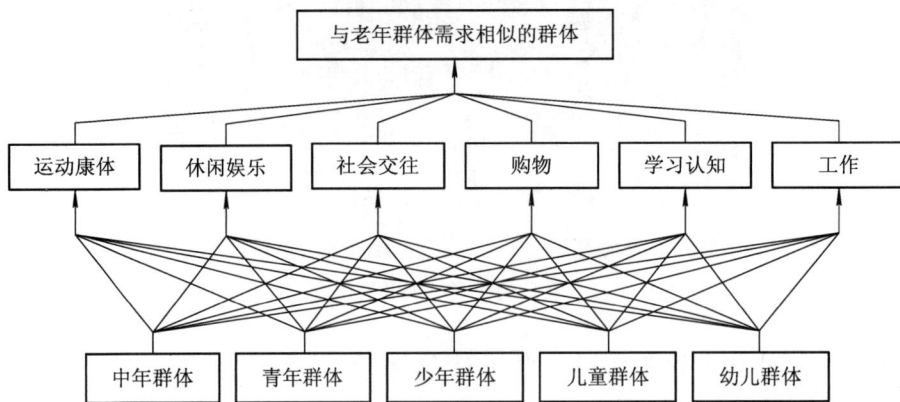

图 5.17　活动内容层面需求层次模型

根据 4.4.4 章节的表 4.9 中的需求差序建构判断矩阵并计算权重(计算过程省略)，可得到如表 5.12 所示的结果。

表 5.12　活动内容层面各年龄群体与老年群体需求差序差异程度

各年龄群体	需求差异程度值						
	运动康体 (0.2857)	休闲娱乐 (0.2381)	社会交往 (0.1905)	购物 (0.1429)	学习认知 (0.0952)	工作 (0.0476)	综合权重
中年群体	0.2500	0.1786	0.0714	0.1577	0.1677	0.5000	0.1969
青年群体	0.2083	0.2143	0.2143	0.2081	0.1111	0.1250	0.2061
少年群体	0.2083	0.2143	0.2143	0.1812	0.2222	0.1250	0.2129
儿童群体	0.2500	0.1786	0.2143	0.1812	0.2222	0.1250	0.2148
幼儿群体	0.0833	0.2143	0.2857	0.2718	0.2778	0.1250	0.1693

从权重计算结果可以看出，在活动内容方面与老年群体需求差异最大的为幼儿群体，随后依次为中年群体、青年群体、少年群体，最后是儿童群体。(注：为了确保调研的可行性，活动内容分类较为概括，无法精确反映具体活动项目的差异性，功能维度的需求差异性应结合其他差序综合分析。)

2. 基于场地环境偏好需求差序的差异性对比

该层次分析模型的首层和底层与前文一致，中间层为场地环境需求偏好特征，分别是安全需求、审美需求、可达性需求、社交需求、兴趣需求和认知需求。该层次分析模型如图 5.18 所示。

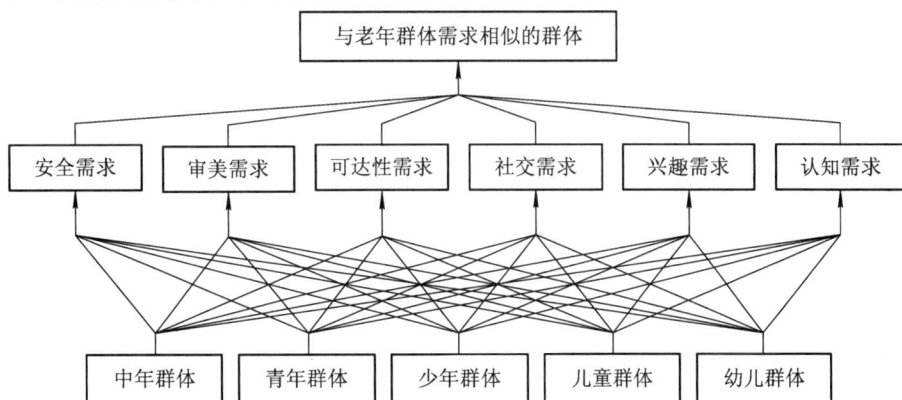

图 5.18　场地环境偏好层面需求层次模型

根据 4.4.4 章节的表 4.8 需求差序进行判断矩阵建构并计算权重(计算过程省略)，可得到如表 5.13 所示结果。

表 5.13　活动内容层面各年龄群体与老年群体需求差序差异程度

各年龄群体	需求差异程度值						
	安全需求 (0.2857)	美观需求 (0.2381)	可达性需求 (0.1905)	社交需求 (0.1429)	兴趣需求 (0.0952)	认知需求 (0.0476)	综合权重
中年群体	0.2069	0.2632	0.2143	0.1818	0.1905	0.0909	0.2110
青年群体	0.1742	0.3158	0.2857	0.1818	0.1429	0.0909	0.2228
少年群体	0.2069	0.2632	0.1429	0.2727	0.1905	0.0909	0.2104
儿童群体	0.2069	0.0526	0.1429	0.2727	0.2381	0.3636	0.1778
幼儿群体	0.2069	0.1053	0.2143	0.0909	0.2381	0.3636	0.1780

从权重计算结果得知，在场地环境偏好层面，与老年群体需求差异最大的群体是儿童群体，随后依次是幼儿群体、少年群体、中年群体，最后是青年群体。根据综合权重值的大小可以发现，其中儿童群体与幼儿群体与老年群体的需求差异程度要远大于其他群体与老年群体的差异程度。

3. 功能维度需求差异性的综合对比

结合活动内容与场地环境偏好两组需求差序求得功能维度的需求相似值 R 功能可以看出(如表 5.14 所示)，在功能维度中老年群体的需求与幼儿群体的差异最大，随后依次为儿童群体、中年群体、少年群体，青年群体与老年群体需求最为相似。观察 R 值的大小可以看出，中年、青年和少年群体与老年人的需求差异程度普遍要低于儿童和幼儿群体与老年群体的差异程度。

表 5.14　功能维度各年龄群体与老年群体需求差序差异程度

各年龄群体	需求差异程度值		
	活动内容	环境偏好	R 值
中年群体	0.1969	0.2110	0.0415
青年群体	0.2061	0.2228	0.0459
少年群体	0.2192	0.2104	0.0469
儿童群体	0.2148	0.1778	0.0382
幼儿群体	0.1693	0.1780	0.0301

5.4.2　功能维度的需求差序特征解读

通过观察需求差序表中不同群体单项因素之间的距离可以大致得知老年

群体对某一要素的需求与其他年龄群体需求的差异程度。在活动内容层面,康体健身活动是老年群体需求程度最高的活动,幼儿群体与之差异程度最大。在休闲娱乐活动方面,青年、少年和幼儿群体相对老年群体而对此更为重视,但差异程度不高。在社会交往活动方面,老年群体与中年群体的差异程度最大,相对于中年群体,老年群体对社会交往活动的需求程度要高很多。在购物活动方面,青年人相较而言需求程度更高,中年、少年、儿童群体需求程度较低,但差异程度并不高,幼儿群体与老年群体基本一致。老年群体对学习认知类的活动需求程度并不高,幼儿、儿童和少年群体普遍对该类活动更为重视,其中幼儿群体对该活动需求最为重视。工作类活动是老年群体需求程度最低的活动,除中年群体外,其他群体对该类活动的需求程度同样低下,中年群体相对而言的需求程度最高(具体如图 5.19 所示)。

在环境需求偏好层面中(如图 5.20 所示),安全需求是除青年群体外所有年龄群体最为重视的需求,青年群体对其重视程度排在第二顺位。在审美需求方面,老年群体与中年、少年群体的需求程度基本一致,而青年人对该需求更为重视,儿童和幼儿群体对该方面的需求程度并不高。老年群体和青年群体对活动场地的可达性需求程度保持一致,均在第三顺位,在该方面需求程度相对较低的是少年和儿童群体。各年龄群体对场地能否满足社交需求的重视程度普遍不高,其中老年、少年和儿童群体的需求程度一致,均在第四顺位,幼儿群体对此需求程度最低,在第六顺位。老年群体对场地能否满足自身兴趣需求的重视程度并不高,与其差异性程度最大的是儿童与幼儿群体,后两者更重视该类需求。在环境能否满足认知需求方面,老年、中年、青年和少年群体的需求程度均为最低,儿童和幼儿群体对该需求更为重视,均位于第三顺位。

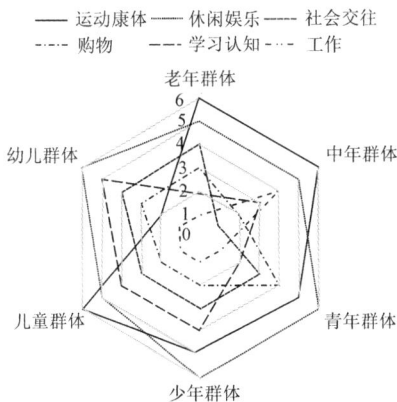

图 5.19　活动内容各项需求差异　　　　图 5.20　场地环境偏好各项需求差异

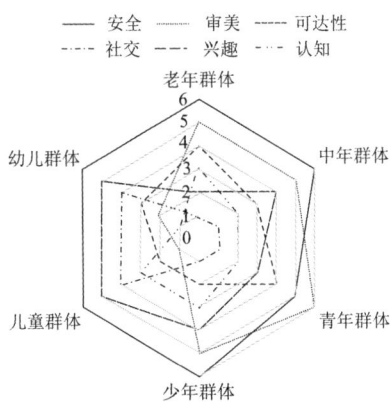

　　功能维度的需求差异主要通过对活动内容与环境偏好两方面的需求差序进行分析获得，结合观察、问卷和访谈内容可以得知，不同年龄群体的需求差序的特征形成原因主要有以下几个方面。

　　(1) 身体机能的影响。

　　城市公共空间使用者对场地功能的需求程度会受到自身身体机能的影响。从环境需求偏好方面看，场地环境的安全性是全年龄使用者普遍重视的功能，但青年群体对场地环境提供的审美需求位于安全需求的前面，这可能是由于青年群体的身体机能处于最佳状态，从而对环境有着更强的适应能力。在活动内容方面，中老年群体重视康体健身活动的一个很重要的原因是希望通过锻炼来减缓身体机能的老化进程(如图 5.21 所示)。

图 5.21　健身的中老年人

　　(2) 社会角色的影响。

　　不同年龄的人在社会中所扮演的角色存在区别，而所扮演的不同社会角色会影响使用者对城市公共空间各类功能的重视程度的排序。从调研结果中可以发现，在活动内容方面老年群体和幼儿群体对社交活动的需求程度要略高于其他群体。其中多数老年人所扮演的社会角色处于一种逐步脱离主流社会的状态，加上子女陪伴的缺失所造成的失落感，老年人更为重视社会交往活动(如图 5.22 所示)。询问幼儿家长可以得知，幼儿正处于认识外部世界的起步阶段，多与其他人接触有助于幼儿更好地过渡到学龄阶段(如图 5.23 所示)。此外还可以发现，中年群体中相当一部分人将工作视为比较重要的活动内容，其原因可能在于部分中年人处于刚退休的角色转变阶段。在对中年使用者的访谈中，有被访者表达了"再为社会做些贡献"的意愿。此外，从对学习认知的需求程度可以看出，处于学龄前和学龄阶段的幼儿、儿童及少年群体对此类活动的需求要高于其他年龄群体，这也在一定程度上反映了社会角色对活动需求的影响。

图 5.22 闲坐聊天的老年人们

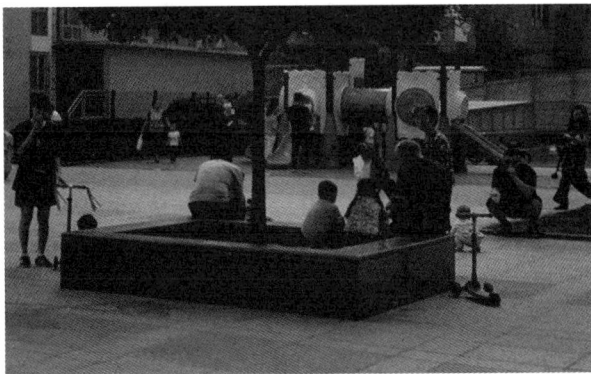

图 5.23 交朋友的幼儿们

(3) 兴趣偏好的影响。

城市公共空间使用者的兴趣偏好对场地各类功能的需求程度有重要影响。

以儿童群体为例，儿童将康体健身视为最重要的活动内容的原因与中老年群体并不一样。在访谈中可以得知，具有趣味性、竞技性的体育运动更能满足儿童群体在户外活动的兴趣偏好，体育运动本身就具有娱乐的性质。同样，不同年龄群体对购物活动也有着不同的看法。相对于中老年群体年轻人，青年群体更重视购物活动的原因在于购物对其更接近于一种具有自发性质的消遣娱乐活动，而中老年群体的购物活动更多的是一种接近必要性的家务内容。因而，年轻人愿意将购物活动需求排在靠前的位置。

5.4.3　功能维度的包容性及提升途径分析

功能维度的需求差异与包容性程度属于负相关关系，即需求差异越小包容性程度越高。通过前文的对比分析结果可以看出，该维度中与老年群体需求差异较小的是中年、青年和少年群体，其中青年群体与老年群体需求差异最小，但三者与老年群体的需求差异程度区别并不明显，儿童和幼儿群体与老年群体的需求差异程度相对较大。因此可以判断，在该维度中老年群体与中年、青年和少年群体的包容性程度要高于儿童和幼儿群体。

在空间资源有限的情况下，应当确保场地具备复合功能。但具备复合功能的场地并不意味着功能的堆叠。在功能维度的需求差异性对比中可以发现，各年龄群体的需求虽然存在差异性，但也具有一定程度的同一性。在确定场地功能的过程中应当有效利用这种需求的同一性，最大化满足全年龄群体所共同重视的功能。而具有差异性甚至矛盾性的功能需求应当根据场地属性、使用者比重等因素来进行弹性化的层级划分，在满足弱势群体基本需求的前提下，优先考虑主要使用群体的功能需求，并为其他群体提供场地功能的弹性余地，从而达到确保场地使用效率及场地包容性的提升。

5.5　环境维度的需求差异及包容性分析

5.5.1　环境维度的需求差序对比

通过计算集合的重叠率来度量老年群体与其他年龄群体在环境设施维度的需求差异(计算过程省略)，其结果如表 5.15 所示。

表 5.15　环境维度各年龄群体与老年群体需求差序差异程度

对比群体	老年-中年	老年-青年	老年-少年	老年-儿童	老年-幼儿
相似值 R	0.7975	0.7880	0.6962	0.6686	0.7004

从结果可以看出，在环境设施要素的层面，老年群体与中年群体的需求差异最小，随后依次是青年群体、幼儿群体、少年群体，最后是儿童群体。其中，中年和青年群体与老年群体的相似程度要远高于其他三个群体。整体上看，全年龄群体对人行道、厕所、遮阴植物等要素都有着最高的需求程度。老年人的需求特征主要有：

(1) 对于休息设施及相关要素的高度需求；

(2) 相对其他年龄群体，对扶手和坡道等无障碍设施需求程度更高；

(3) 对专项活动场地的需求程度普遍偏低。

对比老年群体与中年群体对环境设施要素的需求可以发现：中年群体对休息设施和无障碍设施的需求程度比老年群体略低，对开阔场地和专项类运动场地的需求要高于老年群体；两类人群对门球场、棋牌桌椅和足球场的需求程度均处于最低水平，对湖泊、河流以及喷泉、瀑布等水景要素有着同样的需求重视程度(如表 5.16 所示)。

表 5.16　老年群体与中年群体对环境设施要素的需求异同

需求程度	差异性需求(中年)	同一性需求	差异性需求(老年)
高 ↑	活动草坪、开场空地	人行道、厕所、路灯、遮阴植物	垃圾箱、观赏植物、休息座椅、休息廊架、亭子
	慢跑道、垃圾箱、观赏植物、休息座椅、休息廊架、亭子	饮水池、洗手池、解说牌、指示牌	扶手、坡道、活动草坪、开阔场地
	扶手、坡道	湖泊、河流、喷泉、瀑布、围墙、围栏	雕塑、景墙
	乒乓球场、足球场、羽毛球场、篮球场、雕塑、景墙	儿童游乐场	慢跑道
低 ↓		棋牌桌椅、门球、足球场	乒乓球场、羽毛球场、篮球场

对比老年和青年群体对环境设施要素的需求可以发现：老年群体对休息设施及无障碍设施的需求程度比青年群体高，青年群体对专项类运动场地的需求程度要高于老年群体；其中，人行道、厕所、路灯和遮阴植物是两类人群共同的最为重视的环境设施要素；棋牌桌椅和门球场为两者共同的最不受重视的环境设施要素。此外，青年群体对慢跑道的需求程度要明显高于老年群体，而老年群体则更青睐于健身器材的使用(如表 5.17 所示)。

表 5.17　老年群体与青年群体于环境设施要素的需求异同

需求程度	差异性需求(青年)	同一性需求	差异性需求(老年)
高　↑	活动草坪、开场空地	人行道、厕所、路灯、遮阴植物	垃圾箱、观赏植物、休息座椅、休息廊架、亭子
	慢跑道、垃圾箱、观赏植物、休息座椅、休息廊架、亭子	饮水池、洗手池、解说牌、指示牌	扶手、坡道、活动草坪、健身器材、开敞空地
	扶手、坡道、健身器擦	湖泊、河流、喷泉、瀑布、雕塑、景墙、围墙、围栏	
	乒乓球场、足球场、羽毛球场、篮球场	儿童游乐场	慢跑道
低		棋牌桌椅、门球	乒乓球场、足球场、羽毛球场、篮球场

　　对比老年群体和少年群体的需求可以发现：老年群体对休息及无障碍设施的需求程度要明显高于少年群体，且老年群体对观赏植物和水景等观赏性要素的需求程度也明显高于少年群体；少年群体更加重视对专项类运动场地的使用需求，其中篮球场地最为明显；与其他群体一致，两者对人行道、厕所、遮阴植物等要素有着同样的重视程度，是其最为优先的需求，而门球场和棋牌桌椅则同样最不受两者重视(如表 5.18 所示)。

表 5.18　老年群体与少年群体于环境设施要素的需求异同

需求程度	差异性需求(少年)	同一性需求	差异性需求(老年)
高　↑	饮水池、洗手池	人行道、厕所、遮阴植物、垃圾箱	路灯、观赏植物、休息座椅、休息廊架、亭子
	路灯、篮球场、休息廊架、亭子	活动草坪、开阔场地、解说牌、指示牌	扶手、坡道、健身器材、饮水池、洗手池
	健身器材、慢跑道、乒乓球场、扶手、休息座椅、观赏植物	围墙、围栏	湖泊、河流、喷泉、瀑布、雕塑、景墙
	乒乓球、足球、场湖泊、河流、喷泉、瀑布、雕塑、景墙	儿童游乐场	慢跑道
低	坡道	门球场、棋牌桌椅	乒乓球场、羽毛球场、篮球场、足球场

　　对比老年群体与儿童群体的需求可以发现：儿童群体对休息及无障碍设施的重视程度远低于老年群体，且其对活动草坪、开阔场地、儿童游乐场、慢跑道等设施的需求与老年人的需求优先次序存在明显差异；相较于老年群体，儿

童群体对于专项类运动场地的需求略高于老年群体,但两者对门球场和棋牌桌椅的需求程度同样最低(如表 5.19 所示)。

表 5.19　老年群体与儿童群体于环境设施要素的需求异同

需求程度	差异性需求(儿童)	同一性需求	差异性需求(老年)
高 ↑	活动草坪、开阔草坪、慢跑道、儿童游乐场、饮水池、洗手池	人行道、厕所、遮阴植物、垃圾箱	路灯、观赏植物、休息座椅、休息廊架、亭子
	路灯、围栏、围墙	解说牌、指示牌	活动草坪、开敞空地、扶手、坡道、健身器材、饮水池、洗手池
	观赏植物、篮球场、羽毛器场、健身器材、休息廊架、亭子	湖泊、河流、喷泉、瀑布、雕塑、景墙、围墙、围栏	
	坡道、扶手、足球场、乒乓球场、休息座椅		慢跑道、儿童游乐场
低		门球场、棋牌桌椅	乒乓球场、羽毛球场、篮球场、足球场

对比老年群体和幼儿群体的需求可以发现：幼儿群体与老年群体的需求差异与儿童群体较为相似,但不同的是幼儿群体对无障碍设施的需求程度与老年群体较为接近,且对专项类运动场地的需求与老年人基本一致,均处于需求差序的最末端;此外,幼儿群体对健身器材的需求程度与老年群体有着明显的差异,前者对其的需求程度要远低于后者(如表 5.20 所示)。

表 5.20　老年群体与幼儿群体于环境设施要素的需求异同

需求程度	差异性需求(幼儿)	同一性需求	差异性需求(老年)
高 ↑	慢跑道、活动草坪、开敞空地、儿童游乐场	路灯、人行道、遮阴植物	厕所、垃圾箱、休息座椅、观赏植物、休息廊架、亭子
	厕所垃圾箱、观赏植物、雕塑、景墙、喷泉、瀑布	坡道、解说牌、指示牌、饮水池、洗手池	扶手、活动草坪、健身器材、开敞空地
	扶手、休息廊架、亭子	湖泊、河流、围墙、围栏	喷泉、瀑布、雕塑、将其
	篮球场、休息座椅		慢跑道、儿童游乐场
低	健身器材	足球场、门球场、羽毛球场、乒乓球场、棋牌桌椅	篮球场

5.5.2 环境维度的需求差序特征解读

从对比分析的结果可以看出,老年群体与成年群体(中、青年群体)在环境设施要素层面的需求差异要小于未成年群体(少年、儿童、幼儿群体),且其需求差异主要体现在对休息设施、无障碍设施及活动场地的不同重视程度。各年龄群体在该层面形成的需求差序特征主要受到以下两个方面的影响:

(1) 活动能力的影响。

从对"扶手"和"坡道"的需求程度可以看出,老年群体和幼儿群体对其需求程度最高,这在一定程度上反映了活动能力与环境设施要素需求程度的关系。在采访中,借助轮椅或电动轮椅出行的老年人表达了坡道对轮椅通行的重要性,同样乘坐婴儿车出行的幼儿群体也存在此类需求。从对专项类运动场地的需求程度可以看出,老年和幼儿群体作为活动能力较弱的使用者,对该类要素的需求程度明显低于其他群体(如图 5.24 所示)。老年群体对休息设施的重视程度高于其他年龄群体。在活动能力的限制下,老年人选择的活动内容多以休息聊天为主,而此类活动对休息设施的依赖性也一定程度上反映了活动能力与环境设施需求程度的关系(如图 5.25 所示)。反观活动能力较强的使用群体,其对开敞空地、活动草坪以及专项类活动场地的需求都高于活动能力较弱的使用群体,其原因就在于上述的场地所承载的活动内容多数对活动能力都存在一定要求。

图 5.24　中心活动的儿童与边缘休息的老年人

图 5.25　树荫下休息的老年群体

(2) 兴趣偏好的影响。

使用者个人的兴趣偏好也会影响了其对不同环境设施要素的重视程度。以门球场为例，门球是相对小众的老年运动项目，在大范围调研时各群体对门球场的需求程度均排在最后。但是，老年群体对支持康体健身活动的健身器材的需求程度更高(如图 5.26 所示)。观察儿童及幼儿群体的需求可以发现，其对儿童游乐场的需求排序要远高于其他年龄群体，这在很大程度上是因为儿童及幼儿活动时的兴趣偏好与其他年龄群体存在差异，儿童游乐场地更能满足其对探索、冒险的需求(如图 5.27 所示)。此外还可以发现，对于能够承载多样性活动的开阔场地，虽然不同年龄群体对其使用方式存在差异，但不影响大家对它共同的需求重视。由于生活经历、社会角色的相似性，不同年龄群体在兴趣偏好方面也存在着一定的趋同，因此各年龄群体形成的需求差序在一定程度上反映了年龄差异与兴趣偏好的关系。

图 5.26　选择不同设施活动的中老年人们

图 5.27　滑板车与游乐场

5.5.3　环境维度的包容性及提升途径分析

在环境维度中需求差异与包容性属于负相关关系，即需求差异程度越小包容性越强。根据前文分析结果可以看出：该维度中，老年群体与中年群体的包容性最强，随后依次是青年群体、幼儿群体、少年群体，最后为儿童群体；其中，中年和青年群体与老年群体的包容性要明显高于其余使用群体与老年群体的包容性。

在对比过程中可以发现，各年龄群体与老年群体对环境设施要素的需求不仅存在差异性，也有着同一属性。在该维度中提升场地包容性的重要前提是辨识老年群体与其他群体需求的异同。应当把具有同一性的环境设施要素视为场地设计过程中优先考虑的要素设施，以便最大化地满足全年龄群体的使用需求；还应把要素的同一属性作为联系差异群体的物质纽带，促进交往的产生。但需要注意的是，在对同一属性要素的使用方式存在冲突矛盾或者资源配置不足的情况下，应当结合时间和空间维度的提升途径来缓解不同群体之间的冲突。面对各群体间的差异性需求，应当根据需求程度进行分层设计，优先配置需求程度更高的设施，将该范围内的设施视为场地设施配置的弹性范围，尽可能做到满足更多人的多样化需求，进而提升空间包容性及使用效率。

5.6　人际维度的需求差异及包容性分析

5.6.1　人际维度的需求差序对比

使用者在场地中的人际交往需求具有复杂性。首先，人际关系并不是一种单向的需求关系，而是人与人之间的相互交往。因此，本书在对比过程中将使用者与空间内其他使用者的交往需求视作其对一个整体的人际环境需求，通过对比不同年龄群体对整体人际环境需求的差异来判断该维度中老年群体与其他年龄群体的包容性程度。其次，一概而论地将需求差序进行对比会导致信息在简化过程中准确性的丢失。本书根据人际交往的现实情况将场地中的人际环境分为了熟人与陌生人环境两类，前者旨在通过使用者结伴情况来了解使用者与不同年龄群体的"引力"。后者旨在通过不同年龄使用者之间的相互评价来了解其间的"斥力"。

1. 熟人环境下的人际需求差序差异对比

该层面的层次分析模型分为三层，首层依然是与老年群体需求相似的群体，中间层为不同年龄层的交往结伴对象，底层为各年龄群体视角(如图 5.28 所示)。

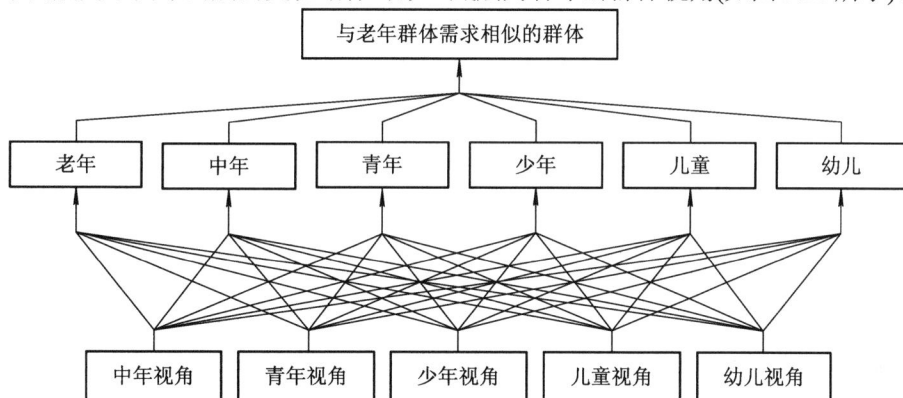

图 5.28　熟人环境下的人际需求层次分析模型

根据 4.6.4 章节的表 4.14 所示需求差序建构判断矩阵并计算权重(计算过程省略)，可得出如表 5.21 所示结果。

表 5.21　各年龄群体与老年群体于熟人环境下的人际环境需求差异

各年龄群体视角	需求差异程度值						
	老年(0.2727)	中年(0.2273)	青年(0.1818)	少年(0.0455)	儿童(0.1364)	幼儿(0.1364)	综合权重
中年视角	0.3125	0.2727	0.1538	0.2691	0.2105	0.2105	0.2448
青年视角	0.1250	0.1364	0.2308	0.2039	0.2632	0.2632	0.1881
少年视角	0.1875	0.2273	0.1538	0.3513	0.1579	0.1579	0.1898
儿童视角	0.1875	0.1818	0.2308	0.1171	0.2632	0.1053	0.1900
幼儿视角	0.1875	0.1818	0.2308	0.0586	0.1053	0.2632	0.1873

从以上权重计算结果可以看出，在熟人环境中，老年群体与中年群体的需求最为相似，随后依次是儿童群体、少年群体、青年群体，差异最大的是幼儿群体。其中，老年群体与中年群体需求的差异程度要远低于老年群体与其他年龄群体的差异程度。

2. 陌生人环境下的人际需求差序对比

该层面的层次分析模型如图 5.29 所示。

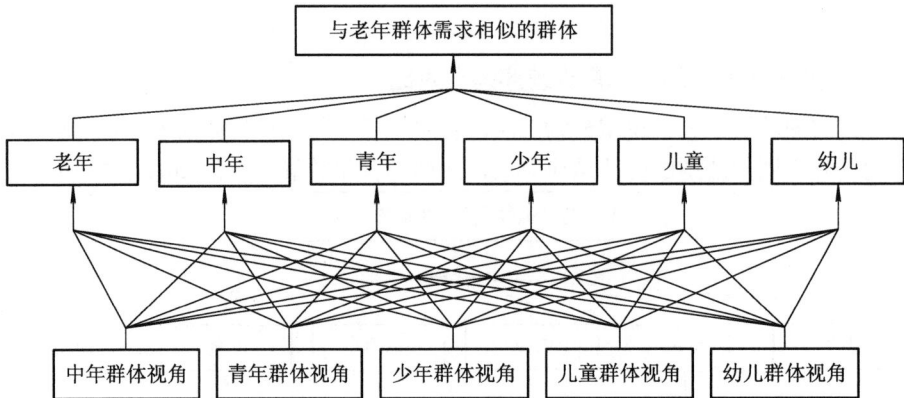

图 5.29　陌生人环境下的人际需求层次分析模型

根据 4.6.4 章节的表 4.13 的需求差序表建立判断矩阵并计算权重，所得结果如表 5.22 所示。

表 5.22　各年龄群体与老年群体于陌生人环境下的人际环境需求差异

各年龄群体视角	需求差异程度值						
	老年 (0.1200)	中年 (0.2000)	青年 (0.2400)	少年 (0.2000)	儿童 (0.1200)	幼儿 (0.1200)	综合权重
中年视角	0.1667	0.1852	0.2308	0.2805	0.1538	0.2308	0.2147
青年视角	0.2500	0.1852	0.2308	0.2682	0.1538	0.0769	0.2038
少年视角	0.2500	0.1852	0.1538	0.3366	0.0769	0.1538	0.1900
儿童视角	0.1677	0.2222	0.1923	0.0561	0.2308	0.3077	0.1864
幼儿视角	0.1677	0.2222	0.1923	0.0587	0.3846	0.2308	0.1962

从计算结果可以发现，对于陌生人环境的人际需求，老年群体与中年群体最为相似，随后依次为青年群体、少年群体、幼儿群体，与老年群体需求差异最大的为儿童群体。整体比较来看，中年群体与老年群体的需求差异程度要远低于其他年龄群体，而幼儿群体与老年群体的差异程度要远高于其他年龄群体。

3. 人际维度需求差异性的综合对比

熟人环境与陌生人环境的人际需求是并列关系，前者与后者并没有直接的关联性，因此从整体上对人际维度的需求差异进行对比分析应当计算两者均值，而非前文的权重乘积。其计算结果如表 5.23 所示。

表 5.23　人际维度各年龄群体与老年群体需求差序差异程度

各年龄群体视角	需求差异程度值		
	熟人环境	陌生人环境	均值
中年群体	0.2448	0.2147	0.2296
青年群体	0.1881	0.2038	0.1960
少年群体	0.1898	0.1900	0.1899
儿童群体	0.1900	0.1864	0.1882
幼儿群体	0.1873	0.1962	0.1918

从结算结果可以发现，在人际维度中老年群体与中年群体的需求差异最小，随后依次为青年群体、幼儿群体、少年群体，差异最大的是儿童群体。

5.6.2　人际维度的需求差序特征解读

"人际关系是伴随人际互动而形成的一种特殊的社会结构，是镶嵌在社会结构之中的隐形网络"。而城市公共空间正是提供人际互动的重要物质平台。通过对城市公共空间中使用者人际关系的问卷及观察调研，影响空间中不同使用者人际关系的因素可以归为两大类，即"吸引力"和"排斥力"。

促进场地中的人们相互吸引的因素主要有：

(1) 血缘关系。场地中存在血缘关系的使用者对彼此的包容度要远高于对陌生人的包容度，且不受年龄层限制。

(2) 趣缘关系。不论是结伴活动还是在场地中自发形成以某类活动为中心的群体，在场地中，具有共同兴趣的人们更容易聚集在一起。

(3) 近似的年龄。正如年龄分层理论所说，同年龄层的个体由于具有相似的生活背景、社会角色等，容易因此而发现彼此间的共同爱好，也更容易促进以趣缘为纽带的关系的产生。笔者在实际观察中的发现也与此一致，城市公共空间中以兴趣为出发点的活动内容可以观察到明显的年龄层痕迹。

导致场地中的人们相互排斥的因素主要有：

(1) 活动内容或方式的差异。不同使用者会根据自身的喜好选择参与的活动，但受制于场地或器械，只有同类的活动才更易于促进人际交往的产生，不同的活动往往分布在不同的场地空间中。面对同样的场地或者设施，不同年龄群体有着差异化的使用方式，如在同一场地中追逐打闹的儿童与静坐休养的老年人难免会相互影响且产生潜在冲突。

(2) 环境氛围偏好的差异。不同使用者追求的环境氛围存在差异，这种差异过于明显时会导致不同使用者之间存在排斥。在活动时追求趣味、刺激的儿童和追求安静的老年人就是最好的例证。

(3) 过大的年龄差异。与"吸引力"一样，年龄是影响交往产生的重要因素，但过大的年龄差异也会成为不同使用者之间的"排斥力"。

5.6.3 人际维度的包容性及提升途径分析

人际维度的需求差异与包容性关系属于负相关关系，即需求差异越小包容性程度越高。根据对比结果可知，人际维度中，老年群体与中年群体的包容性程度最高，随后依次是青年群体、幼儿群体、少年群体，包容性程度最低的是儿童群体。

在城市公共空间中，人际交往的需求具有复杂性。本书旨在通过对大概率情况的分析为场地设计实践提供参考依据。社会交往是城市公共空间使用者的重要活动行为，其内容不局限于言语上的交流，结伴的活动、相互的观望都属于交往的不同方式。场地设计过程中应当充分利用物质空间环境对行为的引导作用并将其作为提升场地包容性的途径，尽可能地使场地使用者处于最优兼容的状态。通过场地空间划分、功能设施设置等方法，促使包容性强的群体间产生交往，避免包容性低的群体间发生矛盾冲突。

第六章 老年群体视角下的城市公共空间包容性设计原则及方法

本章基于前文对各年龄群体的需求差序及需求差序差异对比，从老年群体视角出发，提出了老龄化社会背景下包容性城市公共空间的设计原则、方法及目标。在多样、平等、需求适配、有机兼容的设计理念指导下，提出了相关的设计原则与弹性分级的设计内容决策方法，旨在为城市公共空间的包容性实践发展提供更多的现实依据，提升包容性理念在实践层面的指导意义，促进老龄化社会环境下城市公共空间的良性发展。

6.1 设计理念及目标

6.1.1 多样、平等的设计理念

多样性与平等性是包容性理念提倡的基本价值观，也是本书秉持的基本设计理念。阿伦特区分了两类公共空间："古希腊城邦竞争的公共空间，强调道德的同质和政治的平等；现代社会的团体公共空间，偏重对人的自由和多样性的捍卫"。一方面，城市公共空间作为城市居民公共活动的重要载体，其所具有的公共属性明确了其使用者的多元性，多元的使用者带来的需求复杂性又对空间功能提出了多样性的要求。另一方面，城市公共空间不仅是居民活动的载体，还是体现社会价值观的重要媒介。其不只是社会关系演变的容器或平台，还会反作用于经济及社会过程。空间公平性是人类活动的基本理想，城市公共空间有着实现和展现社会公平的责任。

具有包容性的城市公共空间，其所提供的空间功能、设施、环境等应该是具有多样性的。城市公共空间中，多元化的使用者在活动能力、兴趣偏好、社

会阅历等因素的影响下，对空间的使用需求和使用方式存在不同程度的差异。本书基于年龄分层的视角揭示了不同年龄群体对各类城市公共空间的需求差异，这种差异存在但不局限于不同年龄群体之间，甚至可以精确到两个不同个体之间的需求。使用者及其需求的差异性决定了包容性城市公共空间所提供的功能、设施、环境等公共资源应当具有多样性，以此来满足更广泛群体的使用需求(如图 6.1 所示)。

图 6.1　多元的使用人群与多样的活动内容

　　除了使用者需求的多样性以外，中国当下所处的社会历史时期更是要求城市公共空间应当遵循多样性的设计发展理念。人类从农业社会进入工业社会以后，城市作为重要的生产中心，在资本、效率的主导下逐渐摒弃了原先低效但多元的小农生产模式，同一性取代了多元性，但随着技术的进步，工业社会将逐步转型为信息社会，原本作为生产中心的城市也将转型为消费与信息中心。我国目前正在经历这种向信息社会的转型，以消费为主导的城市发展模式不再只局限于关注"增量"的发展，而是更加注重"存量"的发展，城市居民的需求也逐渐由低层次需求向高层次需求发展，带有个人偏好的个性化需求也会随着物质条件的提升而逐渐增多。可以说，转型期中的中国城市居民对城市公共空间需求的多样化发展是这一历史阶段的必然趋势，这也决定了作为居民活动的物质载体的城市公共空间必然以该趋势发展。

　　具有包容性的城市公共空间，应当体现平等、公正的社会价值观。包容性的设计过程就是反排斥的设计过程。对弱势群体的包容与反排斥正是社会公平与公正的一种体现。正如利文森所说："任何特定的公共空间都具有内在的阶层含义，不同社会阶层的社会成员会有差别地使用那些空间"。中国社会仍处于经济快速增长的转型阶段，资本对社会资源的控制力要远强于缺少话语权的社会弱势群体。鉴于其具有的公共属性，城市公共空间可以被视为"公"与"私"较量的重要阵地，其有责任和义务通过自身的设计与建设来维护社会弱势群体对社会公平、公正的基本诉求，以此来促进社会的和谐良性发展。除了社会弱势群体外，生理弱势群体也同样对城市公共空间的公平性提出了要求。在城市发展建设过程中难免出现使用者需求向资本和效率妥协的现象。社会发展对"快"的诉求与生理弱势群体对"慢"的需要自然就成了不可避免的矛盾，而作为少数的弱势群体更容易成为两者博弈中被忽视的一方。作为展现社会公平价值观的重要"舞台"，城市公共空间应当以包容性的方式来展现其公平性。通过为生理弱势群体提供更易于使用的物质环境基础，才能达到促进该群体融入正常的社会生产生活的目的。

6.1.2　需求适配的设计理念

城市公共空间是城市空间这一复杂系统的重要组成，在其设计建设过程中需要权衡的因素也具有复杂性。在老龄化社会的背景下，城市公共空间不仅要考虑其对老年群体的包容性，还应当权衡其作为全年龄群体公共资源的属性。只从单一群体视角出发的城市公共空间设计即使强调了其包容性也不具备实现空间包容的现实意义。从弱势群体视角出发，充分考虑其与整体大众需求的关系才能真正在实践层面提升城市公共空间的包容性。

具有包容性的城市公共空间设计应当是具有需求适配理念的设计。作为世界人口大国，我国各类资源的人均水平都较低。城市公共空间作为一种公共资源本身就具有稀缺性，加之我国社会正处于快速的城市化进程之中，城市人口逐年增长，城市公共空间资源因而更显稀缺，其使用群体的多元化是其设计过程中不可避免的需要考量的问题。虽然我国已经进入老龄化社会，且社会老龄化程度还在不断推进，但片面地强调城市公共空间的适老化设计，其实是一种粗放、低效的设计思维。

城市公共空间的类型是多样的，且不同类型的城市公共空间又存在特殊的功能倾向。城市公共空间的使用者亦是多样的，不同使用者的需求也存在多样性与差异性。忽视各类场地的功能倾向与使用者的差异化需求的关系，以均质化的方式来对其进行设计很有可能造成城市公共空间资源的需求失配，轻则导致空间使用效率的降低，重则可能让该场所成为"失落空间"，无人问津。

所谓"需求适配"，本质上就是指城市公共空间所提供的资源能够物尽其用。虽然"物尽其用"是一种极端的理想状态，但并不妨碍其成为城市公共空间未来努力发展的方向。在本书老龄化社会视角中，城市公共空间需求适配的设计理念的根本目的其实就是为当下城市公共空间的公平性与效率性探寻一条兼顾且可行的途径。鉴于老年群体特殊的生理条件与心理需求，城市公共空间面对数量不断增长的老年使用者理应为其提供更易于使用和参与的公平环境，但老年群体与其他年龄群体的需求存在差异性甚至矛盾性，片面地将这种公平性环境以单一程度的方式运用在空间设计过程中，很有可能忽视其他群体的差异化需求，导致空间使用效率的降低。因此，具有现实意义的包容性城市公共空间应当兼顾公平性与效率性，而需求适配则是兼顾这两者的方法。

通过实证研究可以发现，不同年龄群体对城市公共空间的需求存在其特征与差异，且不同年龄群体对城市公共空间及其所承载的功能、环境内容需求程度不尽相同。某一城市公共空间提供的环境设施、功能等无法与其主导使用的年龄群体需求程度对应就会出现需求失配的情况，该场所的使用效率就会降低，反之为需求适配，使用效率则会提升。本书中，需求适配的设计理念旨在通过将场所提供的功能设施与其不同群体使用者需求最大程度匹配的方式来确保城市公共空间的公平性与效率性，寻找具有现实意义的包容性提升途径。

6.1.3 有机兼容的设计理念

相对于无障碍设计包容性设计的进步在于其将弱势群体视为大众群体的组成，其所提供的产品、服务、环境旨在通过降低使用能力要求来为弱势群体争取更多的公平性。无障碍设计可以被看作是一种辅助产品，而包容性设计是为更广泛的使用者提供的主流产品。从辅助产品到主流产品的转变背后其实是对弱势群体认知的变化，弱势群体从被孤立、割裂的角色地位转变为与社会大众融为一体的角色地位。这种从孤立到统一的转变也正是本书提出的有机兼容的设计理念。

兼容一词意为同时容纳多个方面。有机兼容一词更强调不同方面的整体性与系统性。有机兼容的设计理念的目的是通过一种非孤立的视角对场地进行设计。早期的老年学研究提出的"脱离理论"认为老年人应当逐渐脱离社会活动，且社会应当逐渐降低对老年人的社会期望标准，进而让老年人能够安享晚年。"脱离理论"其实正是以一种具有孤立性和割裂性的视角在认识老龄化群体，在老年学理论的不断进步中，人们也对该理论提出了异议和反思。

对老龄化背景下的城市公共空间而言，要提供真正能够包容老年群体的活动场所，首先就要在设计认知层面将老年群体视为整个使用群体的重要组成，且这个整体是不可分割的。相对于其他年龄群体，老年人有着较弱的活动能力以及较为敏感的心理感受，但以此特征将老年群体视为异于大众的特殊群体，仅从老年人的特殊需求出发对城市公共空间进行均质化的适老性设计，其本质上就是以孤立的认知方式来对待老年群体。如此形成的设计结果更容易造成老年群体与社会大众的分离，而未提供足够程度适老性设计的场所还可能成为老年人参与社会活动的重大阻碍。有机兼容的设计理念要求场地设计过程中，从形式及功能层面，结合场地性质、使用主导者等因素充分考虑其他群体与老年群体需求之间的关系，在满足老年群体基础需求的情况下有针对性地满足更广泛使用者的需求。

6.1.4　包容性与效率性统一的设计目标

在多样、平等，需求适配和有机兼容理念的影响下，城市公共空间设计最终要实现包容性与效率性统一的设计目标。在城市公共空间的发展实践过程中，包容性与效率性之间的矛盾是不得不面对的议题。

正如前文所言，城市公共空间对老年群体的包容性包括两个层面，首先是物质空间对老年人的包容性，即物质对人的包容性。其次是场地中其他使用者对老年群体的包容性，即人对人的包容性，前者是实现后者的重要途径。但在场地设计过程中不能以单一的包容性或效率性作为目标。仅考虑场地的包容性，则有可能在设计决策过程中过分突显老年群体的需求，以割裂、孤立的视角来满足老年群体的需求，进而忽视其他年龄层使用者的需求，导致场地使用效率的降低。而仅考虑场地的效率性，则有可能忽视以老年群体为代表的弱势群体的更为精细化的需求，从而降低场地的包容性。

因此，本书认为包容性城市公共空间设计应兼顾其包容性与效率性，以两者的统一为最终设计目标，在满足场地包容性的前提下，尽可能地提升场地使用效率，并以效率为基础，促进场地中人与人之间的包容性。设计理念与设计目标的关系如图 6.2 所示。

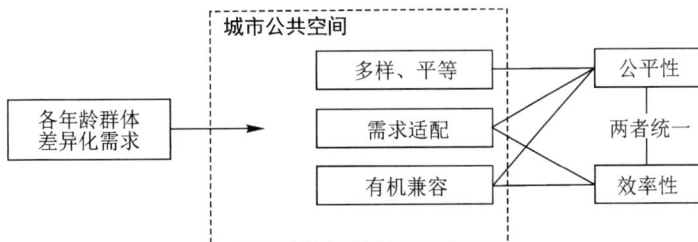

图 6.2　设计理念与设计目标的关系

6.2　基于弹性分级的城市公共空间场地设计内容决策方法

6.2.1　弹性分级的决策逻辑

　　马斯洛的需要层次理论揭示了人类需要的层级性关系，本书提出的需求差序概念以前者为基础进一步解释了城市公共空间场景中使用者需求的层级性特征。"城市公共空间需求差序"概念中使用者需求的层级属性说明了使用者在城市公共空间中使用需求存在的先后层级关系，与其相对应，使用者对不同类型的场地功能及场地中环境设施要素的需求也存在着这种层级关系。在场地设计过程中，可以利用使用者对城市公共空间需求的层级属性，以需求分级的设计逻辑来实现包容性与效率性统一的设计目标。

　　在需求差序概念中，使用者的需求差序存在层级性、差异性、同一性和矛盾性四种属性。弹性分级的基本逻辑就是：

　　(1) 利用需求差序的层级属性，通过了解城市公共空间使用者需求的层级次序，明确设计过程中场地中所设置和提供的各环境设施要素及场地功能的优先级关系。

　　(2) 利用需求差序的同一属性来明确各年龄群体对城市公共空间相似程度的共性需求，以同一性需求作为决策过程中需求层级体系的主干结构，在场地设计过程中通过共性需求的满足来提高场地的使用效率。

　　(3) 利用需求差序的差异性属性，通过了解各年龄群体对城市公共空间需求的差异性，来设置不同需求层级中场地功能及环境设施要素的弹性范围，在满足共性需求的基础上，将差异化需求作为弹性设计范围来满足场地对多样性的诉求。

　　(4) 利用需求差序的矛盾属性，通过了解不同年龄群体对城市公共空间需求之间的显性或潜在矛盾，在设计过程中避免在场地中设置存在矛盾关系的功能场所及环境设施要素，进而提升空间包容性。弹性分级的决策逻辑如图 6.3 所示。

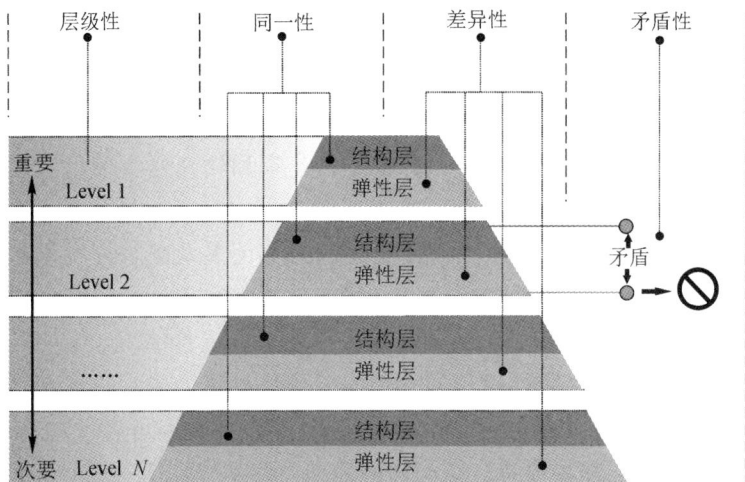

图 6.3　弹性分级的决策逻辑

弹性分级的决策过程始终是围绕多样、平等,需求适配和有机兼容的设计理念展开的。其中,设计过程对层级性的利用主要体现了需求适配的设计理念,设计以非均质化的方式,通过明确老年群体及其他年龄群体对场地各类需求的重视程度进行需求层级划分,优先满足重视程度高的需求,程度低的需求则置后考虑,以此体现需求适配的设计理念。而设计中对同一性与矛盾性的利用则主要体现了有机兼容的设计理念。一方面,设计通过对不同群体共性需求的优先满足,来保障场地使用群体需求的最大化实现,以场地功能兼容的方式来促进使用者之间的相互沟通。另一方面,通过设计决策过程中避免矛盾需求的共存,来减少不同使用者出现冲突的可能性,进而促进使用者之间的有机兼容。设计过程中利用差异性需求设置的弹性设计范围则体现了多样、平等的设计理念,设计决策中功能或设施要素弹性范围的设置旨在避免过于以共性需求为主导而使场地所提供的功能出现局限性,让尽可能多的使用者能够参与其中,为不同使用者提供更为多样化、平等化的活动环境。

6.2.2　场地需求层级的弹性分级方法

在弹性分级的设计逻辑下,将根据使用者需求的层级性来指导设计内容决策的优先程度。使用者对城市公共空间的需求按照其重视程度分为不同层级,每个层级中又涵盖了结构层与弹性层。具体分级方法包括四个步骤:

(1) 场地使用者组成判断。场地使用者组成的判断是为了辨析场地的主导及非主导使用者，以主导使用者需求为结构建立弹性分级的需求层级体系，进而确保场地与使用者需求在大概率情况下相互匹配。城市公共空间中的使用者是多元化的六大类人群。通过实证研究可以发现，在城市公共空间的使用过程中，老年、中年、青年、少年、儿童和幼儿六类使用者的人数比重不尽相同，不同类型的场地中各类人群的比重也有所差异。在弹性分级的过程中，应当根据各类场地中不同使用者的人数比重及需求程度来判断场地使用者的组成。从老年群体视角出发，城市公共空间活动场地又可以分为老年群体主导、非老年群体主导和无明确主导使用者三种情况。无明确主导使用者的情况下，基于包容性设计理念，应以弱势群体为主导，本书默认为老年群体主导。

(2) 明确结构层需求内容。结构层的需求内容是建构需求层级体系的骨架和主要依据。其内容与场地的主导使用者需求一致。在以老年群体为主导的场地中，老年群体需求为结构层的需求内容。非老年群体主导的场地中，根据实际情况以具体的某一类或几类非老年主导群体需求为结构层的需求内容。无明确主导使用者的场地中以老年群体需求为结构层需求内容。

(3) 明确弹性层需求内容。弹性层的需求内容是在结构层需求主导下对场地提供需求的拓展，旨在确保场地功能的多样性与平等性，进而提升场地包容性程度。其内容与同一需求层级中非主导使用者与主导使用者的差异性需求一致。以老年群体为主导的场地中，非老年群体与老年群体的差异性需求为弹性层需求内容，且具体内容还应当根据场地中非老年群体的各类人群比重、实际需求等因素进行调整和筛选。以非老年群体为主导的场地中，老年群体与主导群体的差异性需求为弹性层需求内容。无明确主导群体的场地与老年群体主导的场地一致。

(4) 筛除矛盾性需求。由于结构层与弹性层的需求内容存在差异性，而这些差异性需求难免存在矛盾与冲突的情况，为了确保所建构的需求层级体系具有指导实践的合理性，应筛除弹性层中与结构层存在矛盾的需求内容。

如图 6.4 所示，场地需求层级的弹性分级方法可概括为：假设在同一需求层级内场地中主导使用者需求有 a、b、c，非主导使用者需求有 a、c、d、e、f，则该层级中结构层的需求内容为 a、b、c，弹性层需求内容则为后者需求集合与前者需求集合的补集，即 d、e、f。若需求 a 与需求 f 相互矛盾，则以结构层需求 a 为主导，筛除弹性层需求 f。

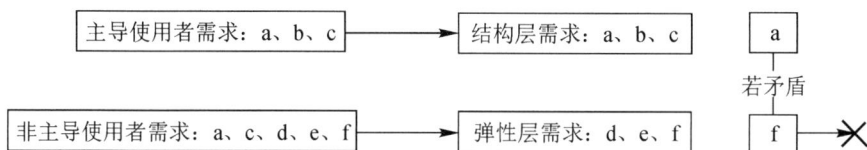

图 6.4　场地需求层级的弹性分级方法

6.2.3　场地设计内容决策步骤

"需求差序"的提出，其目的不仅在于为城市公共空间的包容性研究提供一种基于需求层级划分的认知方法，还在于以需求层级划分的方式来为场地设计提供相关的设计依据与设计方法。对多年龄群体共同使用的城市公共空间场地设计而言，本研究以场地使用者需求为切入点，通过对场地相关属性分析来明确场地适老性程度的层级定位，并结合使用者需求差序的四种属性来建构场地的需求层级体系，根据需求层级体系中需求的优先级关系来明确场地设计内容的优先级关系，以场地需求层级体系为基础，为老龄化视野下的包容性城市公共空间设计提供参考依据。场地设计内容的具体决策步骤可以分为三大部分，即场地定位、体系建构和内容决策(如图 6.5 所示)。

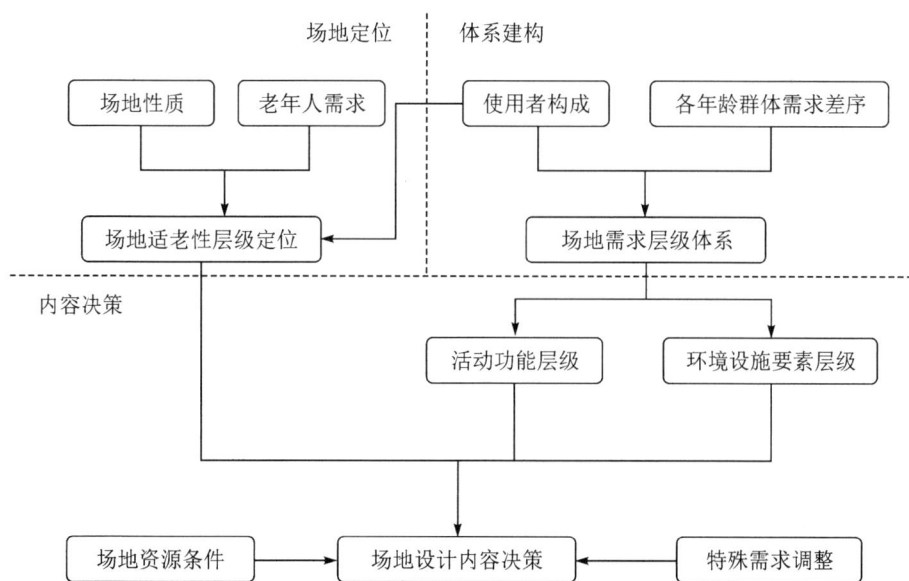

图 6.5　场地设计内容决策步骤

(1) 场地的适老性层级定位。

老龄化视野下的城市公共空间场地设计内容决策的第一步是明确场地的适老性层级定位。根据场地性质(如通行空间、休闲空间、运动空间等)、场地使用者构成与老年人需求(户外活动)的重要程度这三者共同对场地进行定位。

(2) 场地的需求层级体系建构。

场地的需求层级体系是决定场地设计内容的参考依据。需求层级体系应以实证调研所得的各年龄群体需求差序为基础,结合场地使用者构成,明确层级体系的结构层与弹性层内容。场地的需求层级体系主要可以分为活动功能层级和环境设施要素层级。在决定场地设计具体内容的过程中两者应相互参考。

(3) 场地设计内容决策。

最终,决定场地设计内容时应以建构的需求层级体系为依据,以适老性层级定位为指导,按照需求层级体系中的优先级关系进行抉择,优先选择层级高的需求内容,在同一层级中优先选择结构层内容,以弹性层内容为拓展。在内容选择过程中,不仅要排除与场地基本性质或场地空间资源条件产生冲突的需求,还要避免设置相互冲突的内容。最后,如使用者有特殊需求,还应结合实际的特殊需求对场地设计的内容进行补充调整,如设置专门的儿童游乐场等。

以邻里街道类场地作为示例,其设计内容决策步骤具体为:

(1) 场地适老性层级定位。

场地性质:通行类空间。老年群体主要活动需求:运动康体、休闲娱乐。主导使用者为老年群体,调研中老年人占比为 34.75%,是各年龄群体占比最大值。因此可以得出:邻里街道类场地属性与老年人主要活动需求不一致,但该场地中老年群体是主导群体。由此得出该类场地的适老性层级定位为:②～③级,即要确保该场地能为老年人提供安全、方便、美观且适宜交往的场地环境。

(2) 场地需求层级体系建构。

根据实证调研发现该场地的主要使用者为老年群体,非主导使用者为中年、青年、少年儿童和幼儿群体。其中,中年、青年群体人数比重较大,而其余三者使用人数比重过于偏低。因此可以确定,场地需求层级体系中结构层需求与老年群体需求一致,弹性层主要为中年、青年群体与老年群体的差异性需求。根据各年龄群体的需求差序,场地活动功能需求层级与场地环境设施要素需求层级内容具体如表 6.1 和表 6.2 所示。

表 6.1 场地活动功能需求层级(示例)

活动功能需求层级	一级	结构层	运动康体
		弹性层	休闲娱乐
	二级	结构层	休闲娱乐
		弹性层	运动康体
	三级	结构层	社会交往
		弹性层	购物
	四级	结构层	购物
		弹性层	学习认知、社会交往
	五级	结构层	学习认知
		弹性层	购物
	六级	结构层	工作
		弹性层	社会交往

表 6.2 场地环境设施要素需求层级(示例)

环境设施要素需求层级	一级	结构层	人行道、厕所、遮阴植物、垃圾箱、路灯、休息廊架、亭子、休息座椅、观赏植物
		弹性层	开敞空地、活动草坪
	二级	结构层	活动草坪、健身器材、开敞空地、扶手、坡道、饮水池、洗手池、解说牌、指示牌
		弹性层	慢跑道、观赏植物、垃圾箱、休息座椅、休息廊架、亭子
	三级	结构层	湖泊、河流、喷泉、瀑布、雕塑、景墙、围墙、围栏
		弹性层	扶手、坡道、健身器材
	四级	结构层	慢跑道、儿童游乐场
		弹性层	乒乓球场、足球场、羽毛球场、篮球场、雕塑、景墙
	五级	结构层	门球场、棋牌桌椅、乒乓球场、足球场、羽毛球场、篮球场
		弹性层	人行道、厕所、遮阴植物、垃圾箱、路灯、休息廊架、亭子、休息座椅、观赏植物

(3) 场地设计内容决策。

最后,根据活动功能需求层级体系中的层级先后关系来决定场地的功能内容。需要注意的是,场地性质与活动需求不一致时,需要在保证不影响场地基本性质的前提下完成需求层级中的需求内容筛选。以邻里街道为例,其作为通行空间的基本性质要确保满足使用者的交通行为需求，而需求层级中运动康体、休闲娱乐等需求与其并不一致。可以通过弹性化原则中复合型的设计方式让邻里街道既能满足通勤需求又能为使用者提供怡人的散步、慢跑运动环境。根据环境设施要素需求层级体系可以确定不同设施要素在设计过程中的重要程度，优先选择次序靠前层级中的内容。在决策过程中还需根据场地空间资源、场地性质和使用者的实际特殊需求来对存在矛盾的设施要素进行筛除。以表6.2 为例，邻里街道在满足通行功能的基础上由于空间资源不足，无法设置活动草坪、各类运动场地、休息廊架、和亭子等设施要素，因此将此类要素筛除，然后再根据层级优先次序确定场地内应该存在的设施要素。具体设施要素的设计应当根据场地适老性层级定位所对应的需求为主导进行选择。

6.3　包容性城市公共空间设计原则

通过对各年龄群体对城市公共空间的需求及需求差异的实证调研，可以在一定程度上掌握不同年龄层使用者需求的一般性规律；根据老年群体与其他年龄群体需求的差异及差异程度的比对分析，我们了解了城市公共空间中老年群体与其他各年龄群体的包容性程度。基于以上实证研究并结合前文提出的设计理念及设计目标，本节提出了相关的设计原则。

6.3.1　老年基础需求底线原则

在马斯洛的需要层次理论中，人类的需要是以递进的方式满足的，在满足了生理、安全等基本的需要后，人类才会出现精神层面的高层次需要。同样，在城市公共空间中，老年群体的需求也存在这种递进关系，以安全性、可达性为代表的基本需求是老年群体满足其他需求的前置条件。通过实证研究可以发现，老年群体往往对更为基础的需求的重视程度越高。只有满足了此类基础需求，老年群体才能够在城市公共空间中出现更高层次的需求，否则城市公共空间便成了阻碍老年人外出活动的原因。

老年群体的基本需求从属于城市公共空间的包容性的物质对人的包容性层面，只有满足了该层面才有可能促进和提升场地中人与人的包容性。这里的基本需求是老年人满足运动、社交、娱乐等高层次需求的前置条件，主要包括老年人对场地安全性和可达性的需求等。满足老年人基本需求的目的与物质层面的无障碍设计的目的类似，正如"无障碍设计规范"总则所述，其目的在于确保有需求的人能够安全地、方便地使用各种设施。对老年群体基本需求的满足应当优先于其他所有需求，并应当以具有普遍性和规范性的方式应用于城市公共空间的各类场地之中，且不以老年群体对各类场地需求程度的差异存在区分。

在环境需求偏好层面，老年人最为关注的便是城市公共空间的安全性。从老年人重视的环境设施要素可以发现，老年人对休息设施、照明设施、通行道路和遮阴植物的需求程度最高，而对坡道和扶手等无障碍设施的需求程度要高于其他年龄群体。可以说老年群体对城市公共空间的基本需求也是多方面的，但其本质上还是围绕着安全性和便利性展开的。在设计过程中需要保障的老年人基本需求主要包括以下几点：

(1) 活动空间的安全性保障。

老年人使用的活动空间应当能有效阻隔不安全因素，以机动车、电动车、自行车为代表的具有较高移动速度的代步工具都会对老年人的安全形成潜在的威胁。在设计过程中，首先应当通过空间结构的有效组织和设计来尽力区分活动空间与通行空间，避免场地的动、静混淆。其次，应当通过场地边界的设计明确场地属性，提高活动场地的辨识度，并提供物理层面的阻隔，对潜在的危险要素起到警示和阻隔作用。最后，还应当确保活动场地能够为老年人提供良好的视线环境，便于老年人观察周围环境，及时、方便地发现潜在的危险信号。

(2) 通行空间的安全性、便利性保障。

相对于活动场地而言，城市公共空间中的通行空间不仅要满足老年人的安全需求，还要为老年人提供便利性。在安全性层面，通行空间不仅要做到对车辆与行人的划分，避免交通事故风险，还要尽量避免老年人在通行过程中遇到过多的诸如十字路口、地形变化或其他人为障碍等。在便利性层面，一方面要保障通行行为发生的便利性，如针对地形变化设置相关的坡道和扶手等无障碍设施。另一方面，还要保障空间认知的便利性，通过设置易于辨识的标志性构筑物或导视系统让老年人能更轻易地掌握空间方向的相关信息，从而增强老年人对空间的感知度和安全感。

(3) 设施尺度的安全性保障。

人类在老化过程中，不仅身高会随着年龄的增长而萎缩，骨骼关节会出现不同程度的磨损，骨密度也会逐渐降低。相对于年轻人，老年人就连坐下和起身的动作都要付出更多的努力，行为过程中发生的摔绊也更容易给老年人的安全带来巨大威胁。因此，设计过程中所提供的设施尺度应该做到让老年人易于使用。一般老年人在 70 岁时，身高会比青年时期降低 2.5%～3%，女性身高的缩减最大可达 6%。在设施的设计过程中应当充分考虑老年人体尺寸的特殊性，避免危险产生。

(4) 设施功能的安全性保障。

在场地设计过程中，一方面要确保场地内整体设施所提供的功能能够满足老年人的安全需要。比如，在较远距离的活动节点之间设置相应数量的休息设施，以免老年人体力不支；夜晚时间保障活动场所的照明设施，让老年人能有效识别危险障碍。另一方面，要确保某一类设施在提供原本功能的基础上能够满足老年人的安全需要。比如，通行道路中，在有地形变化的路段提供坡道、扶手等无障碍设施；为休息座椅设置扶手，让老年人起坐有支撑的着力点等。

(5) 设计材料的安全性保障。

设计材料的选择和应用方式也应当能够满足老年人的安全需求。不同材料的颜色、导热系数和摩擦系数有所不同，在选择材料的过程中，应当基于材料自身的属性考虑到其应用到设计中产生的结果。比如，导热系数高的金属材料制作的休息座椅或扶手，在炎热气候下容易给行动缓慢的老年人造成烫伤的风险；在道路铺装的设计中，过于光滑的石材铺面很有可能导致老年人滑倒，纷繁复杂的铺装设计可能会导致老年人无法辨识台阶、坡道等障碍物。因此，在设计过程中应当通过材料的选择、二次加工和相互搭配等方式来提供接触过程中的安全性和视觉上的警示。

(6) 植物配置的安全性保障。

植物是老年人需求程度最高的环境要素之一，因此在植物的种植设计过程中也应当满足老年人的安全需要。植物对老年人造成的危险主要有两个方面。一方面是某些植物所含带的毒素可能会在老年人观赏或遮阴的过程中引发具有危险性的碰触或者误食。在园林常用植物中不乏有毒植物的出现，其中以夹竹桃、水仙花、苦楝等植物为代表。另一方面，植物外形可能会给老年人带来潜在危险，以剑麻、刺楸、玫瑰为代表的植物，其锐利的外形可能给老年人带来划伤、刺伤等潜在危险。

老年基础需求底线原则的提出，其实是确保城市公共空间平等性的底线思维。在物质空间层面为老年人外出活动提供基本的条件，可以保障老年人外出选择的基本权利并提升老年人外出活动的意愿，为老年人积极融入社会提供便利。

6.3.2　场地适老性程度分级原则

多样化的城市公共空间场所由于其自身属性存在差异，能够为使用者提供的功能也各有侧重。老年人对不同类型场地的需求程度也因此存在差异。老年人需求程度高的场地的设计应当最大化程度地满足老年人的需求；老年人需求程度低、其他人群需求程度高的场地，若以同样的方式进行设计会导致场地的需求失配。因此，在需求适配理念的指导下，应当基于老年人对不同场地需求程度的差异性来进行对应程度的适老性设计，场地的适老性程度应当分级，而非均质化地应用于所用空间。

场地适老性程度分级定位应当在满足老年人基础需求的前提下，根据老年人需求的重要程度，优先满足重视程度高的需求，低程度的需求则置后满足。根据功能维度的实证调查结果，可以将场地适老性程度归纳为五个层级(如图6.6所示)。

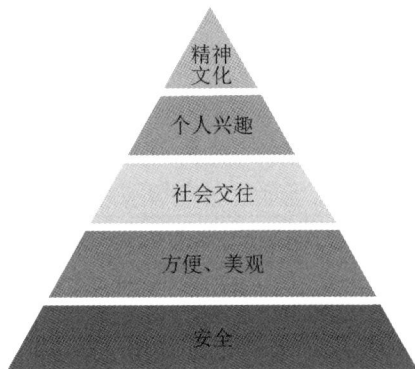

图 6.6　场地适老性程度分级

第一层级，安全的场地环境。根据问卷调查数据可以发现，老年人最重视的环境需求偏好便是对场地的安全性需求，同时安全性需求也是老年人基础需求的核心需求，提供安全的活动场地是满足其他需求的前提和基础。

第二层级，方便、美观的场地环境。在满足了安全性之后，场地应当提供以老年人活动能力和审美偏好为标准的便利性和美观性环境。场地的美观与便利程度在很大程度上影响了老年人户外活动的意愿，这也是促进更多自发性活动发生的重要前提。

第三层级，利于社会交往的场地环境。社会交往是老年人在户外活动时的重要目的，良好的场地环境可以促进交往的产生，进而缓解老年人在老化过程中产生的孤独、无助等负面情绪。

第四层级，能够满足老年人个人兴趣的场地环境。个人兴趣的需要在一定程度上体现了老年人对自我实现的诉求，仅提供空间层面的安全与便利只能满足老年人低层次的需求。面对多样化、个性化的老年人个人兴趣，高层级的适老性场所应当能够满足老年人此类高层次需要。

第五层级，能够丰富老年人精神文化需求的场地环境。城市公共空间不仅是老年人活动的物质空间载体，还是当地历史记忆、文化的展示平台。场地对精神文化信息的展示，一方面有利于老年人通过历史记忆获得身份认同感和归属感，另一方面有利于丰富老年人的精神活动内容，促进老年人的活动积极性。

主导使用者、场地属性及老年人活动核心需求三者的关系是判断一处场地适老性程度分级的重要依据。首先，应当根据使用人数的比重来明确场地的主导使用者是否为老年人，老年人所占人数比重为各年龄群体比重最高值时，则判定该场地以老年群体为主导使用者。其次，判断基于场地属性主导下的场地功能与老年人偏好的活动需求是否一致。功能与需求一致则认为该场地应当设定较高级别的适老性环境。最后，结合具体场地资源条件和使用者需求的实际情况来确定场地具体的适老性程度级别(如表 6.3 所示)。值得注意的是，适老性程度级别是向下兼容的，即场地达到高级别适老性程度时默认满足了该级别以下的适老性程度级别要求。

表 6.3　场地适老性级别判断标准

场地主导使用者判断	场地功能与老年人需求一致性	适老性级别建议
老年群体	一致	③～⑤
老年群体	不一致	②～③
非老年群体	一致	①～③
非老年群体	不一致	①～②

通过一部分老年人的问卷答复可以得知，老年群体最重视的城市公共空间功能主要集中在运动康体和休闲娱乐两个方面。在本书调研的五大类场地中，小区活动场地类和公园、广场类空间的属性与主导功能与老年群体的主要需求一致。邻里街道类空间虽然也承担着老年人部分的活动功能但其属性仍以通行功能为主，商业街市与市政道路类空间同样与老年人主要需求不一致。在使用人数比重方面，小区活动场类、公园、广场类和邻里街道类空间中老年人占比均为各年龄层人群占比最高值，分别为 47.4%、33.49%、34.75%，以此可以判断，这三类场地中的主导使用者为老年群体。而商业街市类空间与市政道路类空间中老年人人数占比未达到最高值，因此，在这两类场地中主导使用群体为非老年人。综合以上本书提出了各类场地相应的适老性分级建议(如表 6.4 所示)。

小区活动场类和公园、广场类空间的主导功能与主导使用者均与老年人一致，在场地设计过程中应当选择较高级别的环境适老性程度，在满足低层级适老性环境的基础上，还应当提供满足老年人兴趣活动与精神追求的适老性环境。

表6.4　各类型场地适老性级别建议

场地类型	主导使用者	主导功能与老年人需求一致性	适老性级别建议
小区活动场地类	老年群体	一致	③~⑤
公园、广场类	老年群体	一致	③~⑤
邻里街道类	老年群体	不一致	②~③
商业街市类	非老年群体	不一致	①~②
市政道路类	非老年群体	不一致	①~②

邻里街道类场地中，虽然老年人是场地的主导使用者，但该类场地的主导功能与老年人主要的活动需求并不一致，因此在场地设计过程中应当选择适中级别的环境适老性程度，在满足老年人安全保障的基础上，能够为老年人提供更为便利、美观且有助于老年人休闲社交的适老性环境。

商业街市类与市政道路类场地的主导使用者为非老年群体，且这两类场地的主导功能与老年人主要的活动需求不一致。基于需求适配的设计理念，这两类场地在设计过程中应在满足老年人出行安全的基础上尽可能为老年人提供更为便利和美观的适老性环境。

场地适老性程度分级原则旨在为城市公共空间的适老性设计提供不同程度的判断标准，在更精准地满足老年群体需求的同时，在一定程度上保障城市公共空间的使用效率。

6.3.3　场地使用者最优兼容原则

城市公共空间的使用者是多元化的，不同个体对空间的诉求不尽相同。从年龄层的角度看，由于身体机能、社会阅历、社会角色等因素的影响，不同年龄层人群在城市公共空间的活动需求、活动方式和环境偏好都存在不同程度的差异。若差异程度过高，会在很大程度上影响同一场所中使用者对其他使用者的接纳程度。因此，在城市公共空间的设计过程中，应当充分考虑不同使用群体对物质环境及人际环境的需求差异程度，以场地使用者最优兼容为原则，通过设计引导需求差异程度低的各群体能够有效地共享空间，促进交往，且避免需求差异程度大的不同群体过度集中，规避矛盾的产生。

从老年群体视角出发，实证研究发现，在功能维度层面老年群体对城市公共空间功能的需求与中年、青年和少年群体的需求差异程度较低，实证分析中的相似值分别为0.0400、0.0440和0.0430，而与儿童和幼儿群体的需求差异程度偏高，相似值分别为0.0369和0.0357。在环境维度层面，老年群体对环境设施的需求与中年和青年群体的需求差异程度最低,相似值分别为 0.7975 和 0.7880,而与少年、儿童和幼儿群体的需求差异程度普遍偏高, 相似值分别为 0.6962、0.6686 和 0.7004。在人际维度层面,老年人对人际环境的需求与中年群体的需求差异程度最低,相似值为 0.2296;与青年群体的需求差异程度相对适中,相似值为 0.1960;与少年、儿童和幼儿群体的需求差异程度普遍偏高,相似值分别为 0.1899、0.1882 和 0.1918。将三个不同维度的需求差异值转化为 Z 分数进行综合观察可以得出判断:老年群体在城市公共空间中与中年和青年群体的兼容性较强,与少年、儿童和幼儿群体的兼容性较弱(如图 6.7 所示)。在场地设计过程中,应通过设计对其进行引导,尽量避免老年群体与少年、儿童和幼儿群体出现对同一场所的过度共用。可适当促进老年人与中年群体、青年群体对同一场所的共享程度,以此来降低使用者活动过程中的孤寂感,并促进老年人积极融入社会。

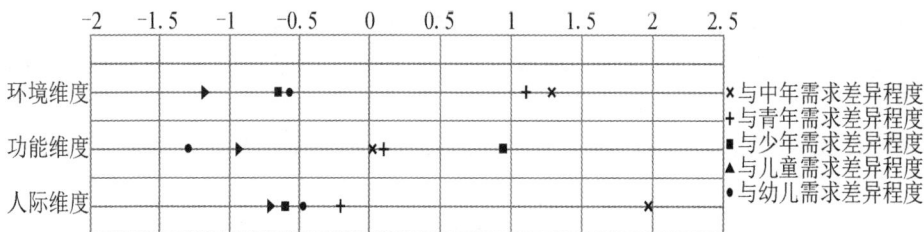

图 6.7　功能、环境、人际维度中各年龄群体与老年群体需求差异的 Z 分数转换

　　场地使用者的最优兼容关系属于设计者应当追求的理想状态,但鉴于场地空间资源或实际特殊需求的限制,场地不得不面临兼容性程度较低的群体共用的情况。如无法达到使用者最优兼容的场地资源条件,则应当根据需求适配理念下的相关原则,根据实际的使用者情况对场地所提供的功能、设施等以层级化、弹性化的方式进行设计。此外需要注意的是,场地使用者最优兼容原则无法适用于单一群体的专属类场地设计,如儿童游乐场等。

　　在有机兼容设计理念下所提出的场地使用者最优兼容原则,其目的在于通过掌握老年群体与其他群体在城市公共空间中的兼容关系,为场地设计提供更多参考依据。利用空间物质层面的设计引导,可以让不同使用者在同一场所中的关系从单纯的"兼容"转变为"有机兼容",以此来为老年人或其他年龄使用者提供更为适宜的活动环境。

6.3.4　同一性需求优先原则

　　同一性需求指不同使用者对城市公共空间有着近似程度的共性需求。这里的同一性不仅指不同使用者对某一具体需求的共同需要,还包含了其对这种需求有着相似的需求程度。以场地环境的安全需求为例，老年人和幼儿均对场地安全性有着最高程度的需求，则安全性需求可以被视为两者的同一性需求。虽然老年人与幼儿对场地环境的美观性都存在着需求，但老年人对美观的需求程度要远高于幼儿，美观需求则不能算是两者的同一性需求。

在年龄分层理论中所提出的"同期群"概念指出了同一年龄层的不同个体，由于其拥有的社会阅历和价值观念更为接近，因而同一年龄层中的不同个体更容易存在更多共性。这种共性同样可以映射到同年龄层使用者对城市公共空间的需求当中，可以说，同一年龄层的使用者们对城市公共空间的同一性需求更多，这也是本书基于年龄层分类的重要依据。不同年龄层群体之间也存在同一性需求。虽然不同使用者对城市公共空间的具体需求存在差异，但需求的层级关系基本都会遵从需要层次理论所揭示的人类需求的层级性关系。不同年龄群体的同一性需求的产生很大程度上源自根源性的需要层级关系。

同一性需求优先原则是指：在城市公共空间场地设计过程中，应当优先满足不同使用者对场地的同一性需求。在弹性分级的逻辑中，使用者对场地的需求以层级化的方式出现，每一层级中的结构层所包含的需求内容为场地主导使用者需求，而结构层中与非主导群体的同一性需求应该是设计过程中最优先考虑满足的，即设计满足需求的优先次序为：同一性需求 > 主导使用者需求 > 差异性需求。假设：主导使用者需求为 a、b、c，非主导使用者需求为 a、c、d、e、f，则同一性需求为 a、c。设计过程中考虑满足需求的次序应当为：a、c > b > d、e、f(如图 6.8 所示)。

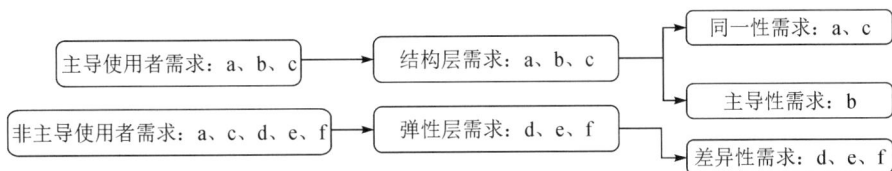

图 6.8　设计内容决策的先后关系

实证研究发现，老年群体与其他年龄群体同一性需求具体为：

(1) 场地环境需求偏好层面。

除青年群体外的所有群体都最为重视场地环境的安全性。老年群体与中年、少年群体对活动环境的美观性有着近似程度的需求。老年群体与青年群体对场地可达性的需求程度近似。老年群体与少年、儿童群体对社交环境的需求具有较高的一致性。老年群体与中年、青年和少年群体对场地能否能够提供良好的认知环境并不在意(如表 6.5 所示)。

表6.5 场地环境偏好层面各年龄群体与老年群体的同一性需求(○为同一性需求)

老年群体需求差序	第一位 安全	第二位 美观	第三位 可达	第四位 社交	第五位 兴趣	第六位 认知
与中年群体同一性需求	○	○	/	/	/	○
与青年群体同一性需求	/	/	○	/	/	○
与少年群体同一性需求	○	○	/	○	/	○
与儿童群体同一性需求	○	/	/	○	/	/
与幼儿群体同一性需求	○	/	/	/	/	/

(2) 场地活内容需求层面。

老年群体与儿童群体同样最重视运动场地能否提供适宜运动康体的活动功能,且两者对休闲娱乐活动功能的需求程度相似。但需要指出的是,两者对这两类活动的需求虽然存在同一性,但其活动内容与方式存在较大差异,应加以区分。老年群体与幼儿群体对场地中社会交往及商业活动的需求程度接近,均排在次序的第三顺位和第四顺位。对于学习认知活动,老年群体与中年群体的需求程度较低,均排在次序的第五顺位。除了中年群体外,其他群体对户外工作的活动需求均为最低(如表6.6所示)。

表6.6 活动内容层面各年龄群体与老年群体的同一性需求(○为同一性需求)

老年群体需求差序	第一位 运动康体	第二位 休闲娱乐	第三位 社会交往	第四位 购物	第五位 学习认知	第六位 工作
与中年群体同一性需求	○	○	/	/	/	/
与青年群体同一性需求	/	/	/	/	○	○
与少年群体同一性需求	/	/	/	/	/	○
与儿童群体同一性需求	○	○	/	/	/	/
与幼儿群体同一性需求	/	/	○	○	/	○

(3) 环境设施要素需求层面。

从研究中可以看出各年龄群体对人行道、厕所、遮阴植物等要素的需求程度均为最高,对饮水池、洗手池、解说牌、指示牌等要素的需求次之。除少年群体外,各年龄群体与老年群体对湖泊、河流、瀑布、景墙等要素的需求程度均为适中。除了儿童与幼儿群体外,其余年龄群体与老年人群体对儿童游乐场地的需求程度普遍偏低。门球场、棋牌桌椅是各年龄群体需求程度最低的环境设施要素(如表6.7所示)。

表 6.7 环境设施要素层面各年龄群体与老年群体的同一性需求

各年龄群体	同一性需求序列				
	第一序列	第二序列	第三序列	第四序列	第五序列
老年群体需求差序	人行道 厕所 遮阴植物 垃圾箱 路灯 休息廊架、亭子 休息座椅 观赏植物	活动草坪 健身器材 开敞空地 扶手 坡道 饮水池、洗手池 解说牌、指示牌	湖泊、河流 喷泉、瀑布 雕塑、景墙 围墙、围栏	慢跑道 儿童游乐场	门球场 棋牌桌椅 乒乓球场 足球场 羽毛球场 篮球场
与中年群体同一性需求	人行道 厕所 遮阴植物 路灯	健身器材 饮水池、洗手池 解说牌、指示牌	湖泊、河流 喷泉、瀑布 围墙、围栏	儿童游乐场	门球场 棋牌桌椅 足球场
与青年群体同一性需求	人行道 厕所 遮阴植物 路灯	饮水池、洗手池 解说牌、指示牌	湖泊、河流 喷泉、瀑布 雕塑、景墙 围墙、围栏	儿童游乐场	门球场 棋牌桌椅
与少年群体同一性需求	人行道 厕所 遮阴植物 垃圾箱	活动草坪 开敞空地 解说牌、指示牌	围墙、围栏	儿童游乐场	门球场 棋牌桌椅
与儿童群体同一性需求	人行道 厕所 遮阴植物 垃圾箱	解说牌、指示牌	湖泊、河流 喷泉、瀑布 雕塑、景墙 围墙、围栏		门球场 棋牌桌椅
与幼儿群体同一性需求	人行道 遮阴植物 路灯	坡道 饮水池、洗手池 解说牌、指示牌	湖泊、河流 喷泉、瀑布 雕塑、景墙 围墙、围栏		门球场 棋牌桌椅

在公共空间的设计过程中,应以同一性需求为优先,这样一方面能够以该类需求为联结,为不同群体提供场地设施共享的基础条件,促进使用者之间的有机兼容。另一方面,同一性需求作为不同群体的共性需求,其存在某种程度上满足了使用者需求的同时,又保障了有限资源的最大化利用,正是需求适配理念的应用。

6.3.5 差异性需求弹性化原则

在生态学领域,美国学者霍林(C.S.Holling)最早提出了弹性设计的概念。弹性设计主要指"一个生态系统能适应于干扰而不会崩溃的能力"。设计领域中的弹性化主要是指在设计过程中把未来的因素纳入设计体系中,满足多样的变化需求以及可持续发展设计的需求,为以后的发展留有余地。差异性需求的弹性化则是指设计过程中将城市公共空间场地中非主导使用者相对于主导使用者的差异性需求纳入设计体系中,以此来满足各类场地使用者的不确定性需求,尽可能拓展场地的功能范围,提高其功能的多样性程度。

在设计过程中,差异性需求的弹性化方式主要包含设计内容决策范围的弹性化和设计方式的弹性化。

(1) 设计内容决策范围的弹性化。

根据使用者需求,本书以分级的方式建构了指导设计的需求层级体系。其中以主导使用者需求为内容的结构层可以理解为支撑场地功能设计的刚性依据,是需求层级体系的"骨架"。以差异性需求为内容的弹性层便是在设计决策过程中,满足刚性需求之后,应当考虑的非必要性的功能内容。将相似需求程度中非主导使用者与主导使用者的差异性需求设置为弹性层内容,能够在确保满足主导使用者需求的前提下,延展场地所提供功能范围的边界。设计者在设计过程中可以以此为依据,来满足场地的多样化需求。

(2) 设计方式的弹性化。

设计方式的弹性化主要是指在针对具体的场地、设施或者环境要素的设计过程中,应当采用具有弹性的方式使该要素所提供的功能具有一定的延展性。主要的弹性化设计方式包括四种类型:

① 复合型的设计方式。该方式是指对单一场地或设施赋予多重的功能内涵。在不破坏场地、设施原本属性所承载功能的前提下,利用设计为其赋予额外的附属功能,以此来满足不同使用者的多样化需求(如图6.9所示)。

图 6.9 复合型：可满足多种休息方式的座椅

② 灵活型的设计方式。该方式主要指通过灵活、可变的设计方式来满足场地功能需求，提高使用者对场地的控制程度，让使用者可以通过自身需求对场地进行调整(如图 6.10 所示)。

图 6.10 灵活型：可以自由摆放的休息座椅

③ 临时型的设计方式。该方式指利用非永久性的设施、构筑物、城市家具等来满足或主导场地阶段时间内的功能属性或环境氛围(如图 6.11 所示)。

图 6.11 临时型：广场临时设置的植物阵列

④ 预留型的设计方式。该方式是指在设计过程中为场地设置预留空间，为使用者提供可由其自己主导的"空白"场地，以自下而上的设计模式，让使用者在使用过程中逐渐明确场地应当具备的功能。

通过实证研究的数据对比可以发现，在相似的需求程度中，老年群体与其他年龄群体所表现出的需求内容会出现差异，也可以理解为这些不同的需求是该需求层级中的差异性需求。明确这些差异性需求不仅是建构弹性层的关键，还是指导具体弹性化设计方式的重要依据。

观察老年群体与其他年龄群体的需求差序可以得出其差异性需求。这些差异性需求主要表现在场地环境偏好、活动内容需求和环境设施要素需求三个层面。

(1) 场地环境需求偏好层面，具体如表 6.8 所示。

表 6.8　场地环境偏好层面各年龄群体与老年群体的差异性需求(○为同一性需求)

老年群体需求差序	第一位 安全	第二位 美观	第三位 可达	第四位 社交	第五位 兴趣	第六位 认知
与中年群体差异性需求	○	○	兴趣	可达	社交	○
与青年群体差异性需求	美观	安全	○	兴趣	社交	○
与少年群体差异性需求	○	○	兴趣	○	可达	○
与儿童群体差异性需求	○	兴趣	认知	○	可达	美观
与幼儿群体差异性需求	○	兴趣	认知	可达	美观	社交

(2) 活动内容需求层面，具体如表 6.9 所示。

表 6.9　活动内容层面各年龄群体与老年群体的差异性需求(○为同一性需求)

老年群体需求差序	第一位 运动康体	第二位 休闲娱乐	第三位 社会交往	第四位 购物	第五位 学习认知	第六位 工作
与中年群体差异性需求	○	○	工作	学习认知	购物	社会交往
与青年群体差异性需求	休闲娱乐	运动康体	购物	社会交往	○	○
与少年群体差异性需求	休闲娱乐	运动康体	学习认知	社会交往	购物	○
与儿童群体差异性需求	○	○	学习认知	社会交往	购物	○
与幼儿群体差异性需求	休闲娱乐	学习认知	○	○	运动康体	○

(3) 环境设施要素需求层面，具体如表 6.10 所示。

表6.10　环境设施要素层面各年龄群体与老年群体的差异性需求

各年龄群体	差异性需求序列				
	第一序列	第二序列	第三序列	第四序列	第五序列
老年群体需求差序	人行道 厕所 遮阴植物 垃圾箱 路灯 休息廊架、亭子 休息座椅 观赏植物	活动草坪 健身器材 开敞空地 扶手 坡道 饮水池、洗手池 解说牌、指示牌	湖泊、河流 喷泉、瀑布 雕塑、景墙 围墙、围栏	慢跑道 儿童游乐场	门球场 棋牌桌椅 乒乓球场 足球场 羽毛球场 篮球场
与中年群体差异性需求	开敞空地 活动草坪	慢跑道 观赏植物 垃圾箱 休息座椅 休息廊架、亭子	扶手 坡道	乒乓球场 羽毛球场 篮球场 雕塑、景墙	
与青年群体差异性需求	开敞空地 活动草坪	慢跑道 观赏植物 垃圾箱 休息座椅 休息廊架、亭子	扶手 坡道 健身器材	乒乓球场 足球场 羽毛球场 篮球场	
与少年群体差异性需求	饮水池、洗手池	路灯 篮球场 休息廊架、亭子	健身器材 慢跑道 乒乓球场 羽毛球场 扶手 休息座椅 观赏植物	足球场 湖泊、河流 喷泉、瀑布 雕塑、景墙	坡道
与儿童群体差异性需求	开敞空地 活动草坪 慢跑道 儿童游乐场 饮水池、洗手池	路灯 围墙、围栏	观赏植物 篮球场 羽毛球场 健身器材 休息廊架、亭子	扶手 坡道 足球场 乒乓球场 休息座椅	
与幼儿群体差异性需求	慢跑道 开敞空地 活动草坪 儿童游乐场	厕所 垃圾箱 观赏植物 雕塑、景墙 喷泉、瀑布	扶手 休息廊架、亭子	篮球场 休息座椅	健身器材

通过上述结果可以看出,其他年龄群体与老年群体之间的差异性需求并不统一,因此在明确弹性需求范围的过程中要根据场地的非主导使用者构成进行判断。差异性需求的弹性化原则的目的是在不影响主导使用者需求的前提下,尽可能地拓展场地功能范围,为多元化的使用者提供更为多样化的需求,以此促进场地包容性提升。

6.3.6 默契机制有效利用原则

把城市公共空间及其承载功能视为一种资源,当资源大于各使用者需求时,使用者可以更为和谐地使用该场地。而当资源小于各使用者需求时,空间资源就需要面临分配。在日常生活中可以发现,当不同使用者对场地中某一设施要素同时产生需求时,通常会遵循一些心照不宣的使用规则,而非总是通过冲突来解决。可以说,城市公共空间中的众多使用者之间对场地的使用存在着默契机制,即一种得到共识且无需协商的对空间资源分配的方式。在城市公共空间的设计过程当中,应当遵循并利用这种已经存在的默契机制,进而提升场地自身的包容性。

实证调研发现,围绕老年住宅区的城市公共空间场所,其使用者的构成存在相当程度的固定性,而相对固定的使用群体之间对场地资源的使用存在默契机制。这种默契机制可以是以时间为依据的,也可以是以空间为依据的。例如,在 a-1 场地(体育馆入口广场)中可以明显观察到,一周之中,不同时段的使用者构成也是不同的。一周中老年群体早、晚两次的广场舞、健身操等活动形成了该场地使用的明显规律,而在周末时段,儿童群体进行的户外跆拳道课程也会根据中老年广场舞的活动时段而设置自己的活动时间,避免场地使用的冲突(如图 6.12 和图 6.13 所示)。

图 6.12 同一场所中的多个舞蹈群体

图 6.13 同一场所中的不同活动群体

同一时段不同的广场舞团体也会根据绿篱、路灯等设施要素自行分配好属于自己的活动范围，在空间上避免了与其他团体产生冲突的可能。

这种使用者之间的场地默契使用机制形成的原因大致可以归结为以下四种：

(1) 生活方式限制的自然结果。

不同个体的生活方式不尽相同，且存在以年龄层为界限的共性。生活方式的限制形成了各年龄层时间分配的规律，如年轻人早出晚归，老年人清晨出门买菜等。在时间维度的实证调研过程中可以发现，一天之中不同年龄群体外出活动的高峰时段存在差异，而这种差异也成了不同群体共用同一场地的默契依据。

(2) 社会规则的行为约束。

在社会主流价值观的影响下，城市公共空间资源面临分配时，总是会遵循一些达成社会共识的规则，如"先来后到""尊老爱幼""女士优先"等，这些都是影响默契机制形成的社会规则。这些社会规则也是避免因争夺资源而产生冲突的重要行为依据。

(3) 冲突或协商的结果。

城市公共空间的使用者是具有主观能动性的，在面对空间资源分配的时候，个体与个体之间也会出现主动协调的行为，理性、正面的行为表现为个体间的协商，而负面、冲动的行为则表现为个体间的冲突，但最终会达成一个分配规则，而在往后的使用过程中大家往往也会遵循这一规则。

(4) 场地设计的行为引导。

　　不同类型的城市公共空间场所承载的服务功能不尽相同，不同使用者会根据自身需求选择活动的空间。调查结果显示，使用者在不同空间分布的比重存在差异。这在一定程度上反映了场地设计对不同群体的行为引导，同类需求的使用者更容易聚集在能满足其需求的场地中。在长时间的使用过程中，这种聚集性会形成一种潜在的场地归属感，不同使用者则会以此为依据在使用空间上形成默契，避免相互冲突。

　　合理的城市公共空间使用默契机制，是保持空间包容性的重要基础。在场地设计过程中，应该遵循合理的默契机制，避免由于设计而产生新的需求矛盾。其次，还应当对这种默契机制加以利用，通过对场地物质条件的设计引导，突显默契机制，让多元化使用者能够更为明确地掌握空间资源的分配方式。面对以时间为依据的默契机制时，应当采用前文提及的弹性化的设计方式，并以此突显不同时段同一场地的功能侧重。面对以空间为依据的默契机制时，则应结合场地使用者最优兼容原则，以最优兼容的人群为依据，通过设计突显场地空间特质，进而起到对不同使用者聚集或分散的引导作用，提高场地包容性。

第七章 结论与讨论

7.1 结 论

中国从 2000 年起正式进入老龄化社会，中国城市正经历着城市化与人口结构变革的双重转变。城市公共空间作为承载居民活动的重要场所，这种双重转变一方面要求其在日益增加的城市人口与有限的城市空间资源之间寻找提高空间使用效率的途径。另一方面，城市公共空间作为展示社会公正性的"舞台"，面对日益增长的城市老年人口，应当展现出对老年使用者的包容性。鉴于自身的公共属性，城市公共空间应展现出的包容性有两个层面：其一是物质空间对人的包容性；其二是空间中人与人的包容性。后者是既有研究的薄弱环节，也是未来城市公共空间包容性提升要解决的关键问题。本书在老龄化的社会大背景下，对未来城市公共空间的建设发展进行发问：城市公共空间中，老年群体与其他群体的包容性关系是怎样的？如何营造老龄化背景下的包容性城市公共空间？

基于研究背景与所提问题，本书以老年群体与其他年龄群体的需求及需求差异为包容性研究的主要切入点。在汲取了老年社会学相关理论、环境行为学相关理论、需要层次理论、包容性设计理论的基础上，利用文献回顾、问卷、访谈、实地调查等方法，从老年群体视角对西安典型性老年住宅区及其周边城市公共空间的包容性展开研究并得出以下结论：

(1) 基于国内外文献回顾及实际情境调查研究发现，多元化群体对城市公共空间的需求差异及差异程度是该领域包容性研究的薄弱环节，也是提升空间包容性的关键突破口。

回顾国内外的相关研究可以发现，已有的城市公共空间包容性研究多聚焦于物质空间对弱势群体的包容性，且所提策略或原则多围绕包容性本身所展开。可以说既有研究已对城市公共空间的物质包容性有了相当的积淀，但对面对多元使用群体的城市公共空间而言，当下研究仍不能准确回答如何提升城市公共空间社会包容性的问题。相关文献与实际现状反映了包容性理念在实际应用过程中的局限性，这种局限性的重要成因是缺少对城市公共空间多元使用者需求差异及差异程度的进一步认知。

(2) 城市公共空间使用者需求存在"需求差序"，其具有层级性、差异性、同一性和矛盾性四种属性，且属性特征可通过时间、空间、功能、环境、人际五个维度体现。

本书基于"需要层次理论"及其在城市公共空间中所展现的具体现象，提出了"城市公共空间需求差序"这一概念。该概念揭示了使用者需求所具有的四种基本属性，即层级性、差异性、同一性和矛盾性。同时还指出了能够反映出需求差序特征的五个现象维度，即时间、空间、功能、环境和人际维度(如图7.1所示)。该概念的建构目的，一方面，旨在为城市公共空间的包容性研究提供新的认知思路，通过需求差序的层级性来对比分析并推断出不同群体使用需求的差异性、同一性和矛盾性，以此来进一步认识城市公共空间中不同使用群体需求之间的关系，为城市公共空间的包容性研究及实践提供基于需求关系的参考依据。另一方面，旨在通过"概念"的建构为城市公共空间的包容性提升探寻新的实践思路，"需求差序"的四种属性及其关系为弹性分级逻辑下的设计内容决策方法与包容性设计原则提供了依据。

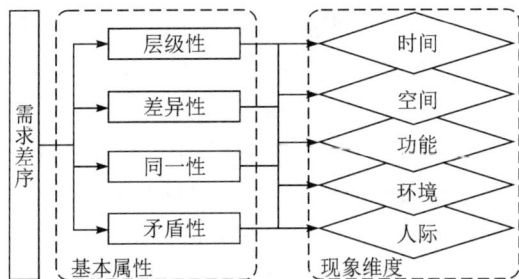

图 7.1　需求差序的四种属性与五个维度

(3) 通过对比各维度全年龄层群体需求差序的差异程度可知，在城市公共空间中老年群体与其他各年龄群体间的包容性程度存在差异。

在建构概念的框架下，本书通过从时间、空间、功能、环境、人际五个维度，对西安典型性老年住宅区及其周边范围内的城市公共空间中老年、中年、青年、少年、儿童及幼儿群体六大类人群的需求差序进行了实证研究。研究发现，不同年龄群体形成的需求差序特征主要受到生活方式、环境偏好、兴趣偏好、活动能力、社会角色等多方面的影响。本书通过对不同年龄群体需求差序的量化对比，分析了老年群体与其他年龄群体对城市公共空间需求的差异性程度以及包容性程度。其中，时间与空间维度中需求差异程度与包容性程度关系呈正相关，功能、环境和人际维度中需求差异程度与包容性程度关系呈负相关。

通过实证调查可以得出不同维度下各年龄群体与老年群体的需求差异情况，具体如表7.1所示。

表 7.1　多维度下各年龄群体与老年群体的需求差异程度与包容性程度

维度		时间	空间	功能	环境	人际
包容性关系		正相关	正相关	负相关	负相关	负相关
与老年人需求差异程度排序	大	青年群体	幼儿群体	幼儿群体	儿童群体	儿童群体
	↑	儿童群体	儿童群体	少年群体	少年群体	幼儿群体
		少年群体	少年群体	中年群体	幼儿群体	幼儿群体
	↓	儿童群体	青年群体	少年群体	青年群体	青年群体
	小	中年群体	中年群体	青年群体	中年群体	中年群体

① 在时间维度中：日常老年群体使用城市公共空间的高峰时段主要集中在每日的早上 6:00—10:00 以及下午 14:00—16:00，且工作日与双休日差异不大，日常户外活动具有持续性与重复性特征，相比其他年龄群体而言，老年群体与中年群体的活动时间需求最为相似，随后依次为儿童群体、少年群体、幼儿群体，青年群体与老年群体的活动时间的需求差异性最大。

② 在空间维度中：老年群体对公园、广场类的城市公共空间有较高的需求程度，小区内活动场地与邻里街道是位于其后的活动场所选择，老年群体对商业街市类与市政道路类的活动场地表现出了较低的需求程度。相较于其他年龄群体，空间维度中，老年群体与中年群体的需求差异最小，随后依次是青年群体、少年群体、儿童群体，最后为幼儿群体。

③ 在功能维度中：老年群体对城市公共空间所提供的安全性有着最高程度的需求，其后依次是美观性、可达性、社交性，该群体对场地所提供的趣味性与认知教育功能需求相对较低。在场地活动方面，老年群体对康体运动的需求程度最高，随后依次是休闲娱乐、社会交往、购物、学习认知、工作。综合比较其他年龄群体与老年群体可以发现，在功能维度中老年群体与青年群体对城市公共空间的需求相对最为相似，随后依次为少年群体、中年群体、儿童群体，幼儿群体与老年群体需求差异程度最大。

④ 在环境维度中：老年群体表现出了三大特征，即：对休息设施及相关要素的高度需求；相对其他年龄群体，对扶和坡道等无障碍设施需求程度更高；对专项活动场地的需求程度普遍偏低。对比其他年龄群体的需求差序可以发现，与老年群体需求最为相似的是中年群体，随后依次为青年群体、幼儿群体、少年群体，最后为儿童群体。

⑤ 在人际维度中，老年群体更愿意与同龄人结伴活动，与少年群体一同活动的情况较少出现。对于陌生人，老年群体有着较高的包容性，但对同龄老

人、儿童与幼儿表现出了相对较高的排斥性。对比其他年龄群体对整体人际环境的需求可以发现，老年群体与中年群体的需求程度更为相似，随后依次是青年群体、幼儿群体、少年群体，最后为儿童群体。

(4) 包容性城市公共空间设计内容决策方法是基于弹性分级逻辑的。

为了达到包容性与效率性统一的城市公共空间建设与发展目标，笔者认为包容性的城市公共空间设计应当遵循多样、平等，需求适配和有机兼容的设计理念。通过结合"需求差序"的四种基本属性，笔者提出了基于弹性分级逻辑的设计内容决策方法。基本逻辑在于：

① 利用需求差序的层级性来明确场地设计内容的优先级关系，并以此为场地需求弹性分级的基本依据。

② 利用需求差序的同一性来确定场地设计内容的主干结构，即结构层需求内容。

③ 利用需求差序的差异性来明确场地设计内容的弹性范围，即弹性层需求内容。

④ 利用需求差序的矛盾性筛除弹性层中与结构层存在矛盾的场地设计内容，避免场地需求冲突。

在弹性分级的逻辑之下，老龄化背景下的包容性城市公共空间设计内容决策步骤可以归纳为三步(如图 7.2 所示)：第一步为场地适老性程度定位；第二步为场地的需求层级体系建构；第三步为场地设计内容决策。

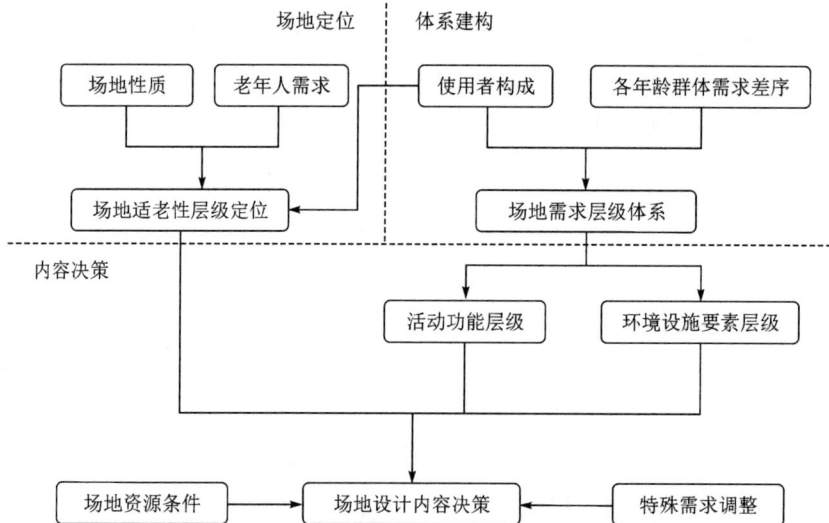

图 7.2　场地设计内容决策步骤

需求差序的基本属性以及实证调研所得的需求差序差异程度分析结果是

本书所提出的决策方法的重要依据,本书提出这些方法的目的在于解决城市公共空间的包容性设计过程中缺少设计依据的困境,是对"多样性""灵活性"等策略原则进一步发问的解答(例如:"多哪几样?""在谁和谁之间灵活"等问题),有助于避免设计者在设计过程中对经验与灵感的过分依赖,提高设计过程和设计依据的科学性。

(5) 老龄化背景下的城市公共空间包容性设计遵循六大原则。

基于"需求差序"概念框架对不同年龄群体需求差序的实证调研与对比分析结果,本书提出了以老年人为视角的包容性城市公共空间设计的六大原则:

① 老年基础需求底线原则,即不论何种类型的城市公共空间场地,都应当普遍性地、规范化地满足老年人对活动空间、通行空间、设施尺度、设施功能、设计材料和植物配置的安全性或便利性的要求。

② 场地适老性分级原则,即不同类型的城市公共空间场地应当有不同层级程度的适老性等级。本书根据老年群体需求差序特征将适老性层级分为了安全、便捷、美观、利于交往、满足兴趣和丰富精神文化五个层次,并根据调研结果给出了各类场地推荐的适老性层级。

③ 场地使用者最优兼容原则,即在场地空间资源有限的情况下,场地应当通过设计引导包容性程度高的使用者共享,并避免包容性程度低的使用者过于集中。

④ 同一性需求优先原则,即在场地设计过程中应当优先考虑满足差异化群体对场地的有着一定相似程度的共性需求,在满足场地包容性的前提下,确保场地使用效率最大化。

⑤ 差异性需求弹性化原则,即设计过程中,将城市公共空间场地中非主导使用者相对于主导使用者的差异性需求纳入设计体系,以弹性化的方式满足各类场地使用者的不确定性需求,尽可能拓展场地的功能范围,提高场地功能的多样性程度。

⑥ 默契机制的有效利用原则,即场地设计过程中应当充分遵循且利用使用者之间已经形成的对场地资源分配的合理默契机制,促进场地包容性提升。

7.2 创 新 点

本书的创新点包括以下几个方面:

(1) 本书建构了"城市公共空间需求差序"的概念框架,为城市公共空间包容性研究提供了新方法。

本书以需要层次理论为主要支撑，通过建构"城市公共空间需求差序"概念框架指出了马斯洛需要层次理论在城市公共空间中的具体映射，并揭示了具体场景中使用者需求的层级性、差异性、同一性和矛盾性四种属性。在概念框架中，通过对使用者需求的多维度拆分与层级归类，为城市公共空间包容性研究提供了可量化的度量方法，解决了主观需求难以度量的困难，为城市公共空间的包容性研究提供了新方法。

(2) 本书从多维度揭示了城市公共空间中老年群体与其他年龄群体的需求差异程度与包容程度。

基于概念框架，本书从"时间""空间""功能""环境"和"人际"五个维度对多类型城市公共空间场地展开了实证调查，通过对典型空间场所的实证调查，本书得到了各年龄群体对城市公共空间的各项需求差序。基于老年群体与其他各年龄群体的需求差序的量化对比，本书分析了调研范围内的城市公共空间中老年群体与其他群体的差异及包容性关系，为未来城市公共空间的包容性建设发展提供了更多的参考依据。

(3) 本书提出了包容性城市公共空间设计原则与设计内容决策方法。

基于笔者的实证调查与分析结论，结合概念所提的需求差序的四种属性，本书提出了包容性城市公共空间的六大设计原则及其设计内容决策方法，为中国高密度城市的公共空间建设提供了实现效率与包容性统一的新途径。

7.3　研究不足与展望

本书在研究方面存在的不足主要有以下几点：

(1) 研究对象分类存在局限，后续研究中应对类型标准继续丰富，且同类型人群可以进一步细化。

城市公共空间包容性研究的重要前提就是获悉使用者对其差异化的需求，在现实中个体的需求存在主观性和复杂性，由于研究的可行性和时间、篇幅的限制，本书仅基于年龄层将调研对象分为了老年、中年、青年、少年、儿童和幼儿六大类群体。基于年龄层的分类主要反映了需求与年龄的关联性，但现实生活中，性别、兴趣、活动能力等因素也同样影响着使用者对城市公共空间的需求倾向，因此在后续对城市公共空间包容性的研究中可以进一步丰富研究对象的分类标准，从不同视角对需求的差异性进行进一步探索，拓展研究广度。

此外，同一年龄层中的使用者也具有多样性，比如老年群体可以分为初老、中老和高老群体，未来的相关研究还应当对同一群体进行进一步细分，以此推进研究的深度。

(2) 研究范围仅以老年住宅区及周围区域为主，后续研究应扩大研究范围。

本书为强化老龄化的研究背景与研究视角，在研究范围上仅选择了西安典型性老年住宅区及其周边 300 米范围内的相关城市公共空间场地。相对于整体人类活动的户外公共空间而言，研究范围存在相当的局限性。在后续的研究中，一方面应当继续扩大城市公共空间的研究范围，提供更多有利于完善城市公共空间包容性系统化的实证依据；另一方面，还应当着眼于中国村落的公共空间发展建设，为我国城市化进程中村落空间环境的建设发展寻找多元化的研究视角。

(3) 对特殊专类场地研究不足。

由于本书的研究主要旨在揭示不同使用者之间的需求差异及其程度，因而所选择的调研场地多为全年龄可共用的场地，但实际中的城市公共空间还存在诸如儿童活动场地类的、只服务于某一类群体的场所。对于该类场所本书的研究存在不足，在后续的研究中应当结合某一类人群的细化分类，对特殊专类场地展开研究，以此来完善城市公共空间的系统化包容性研究。

(4) 各维度中的需求差序内容需要继续完善充实，进一步提高研究可信度。

由于时间和篇幅限制，本书所构建的需求差序概念中，每一个维度所选择的实证研究内容存在局限性，在后续研究中应当有针对性地对不同维度的实证调研内容进行完善与补充，以此来进一步完善理论架构，提高实证研究的可信度。

附录-1　少年至老年组调查问卷

调查问卷 A

您好，我是 XXX 大学博士研究生，为了让城市公共空间建设最大程度地满足您的需求，在此向您提出一些相关问题，作为研究依据。请您根据实际情况作答。该问卷仅作为学术研究用途，并承诺对您的个人信息保密，十分感谢您的配合。

基 本 信 息

1. 您的性别？

a. 男	b. 女

2. 您的年龄？

3. 您的职业？

a. 学生	b. 工薪阶层	c. 个体户	d. 自由职业	e. 退休	f. 其他

活动时间与地点的相关问题

1. 您平日户外活动集中在什么时段？(可多选，在下方划线)

6:00—7:00—8:00—9:00—10:00—11:00—12:00—13:00—14:00—15:00—16:00—17:00—18:00—19:00—20:00—21:00—22:00—23:00—24:00

2. 您日常户外活动的次数？(单选)

a. 每日多次	b. 每日一次	c. 每周 1～3 次	d. 每周一次
e. 每月一次	f. 多月一次	g. 不外出活动	

3. 您去往日常户外活动场所能够忍受的最远步行距离是多少？(单选)

| a. 5 分钟以内 | b. 5～15 分钟 | c. 15～30 分钟 | d. 30 分钟以上 |

4. 您平日最常去的户外场所是哪里？(排序)

| a. 社区/小区活动区 | b. 城市广场/公园 | c. 商业街/街市 | d. 邻里街道 | e. 市政道路 |

活动内容与场地需求的相关问题

1. 您平日外出更愿意花时间投入哪些活动？(排序)

| a. 购物 | b. 工作 | c. 运动康体 | d. 休闲娱乐 | e. 社会交往 | f. 学习认知 |

2. 在户外活动时，您更注重活动场地的哪些方面？(排序)

a. 能提供安全的活动场所	b. 有优美的景色	c. 有符合自身爱好的器械或场地
d. 有一定的教育意义	e. 有熟悉的人群	f. 方便到达的活动场所

活动时的人际环境需求相关问题

1. 您平日更多与谁一同外出？(多选)

a. 独自外出	b. 伴侣	c. 子女	d. 父母
e. 朋友	f. 同事	g. 孙子、孙女	h. 其他人

2. 在同一场所中，您觉得哪个年龄人群的活动更容易给您的活动体验带来负面影响？(多选)

a. 幼儿 0～3 岁	b. 儿童 3～6 岁	c. 少年 7～17 岁
d. 青年 18～40 岁	e. 中年 41～65 岁	f. 老年 66 岁以上

十分感谢您的配合！

附录-2　幼儿、儿童组调查问卷(家长问卷)

调查问卷 B

　　您好，我是 XXX 大学博士研究生，为了让城市公共空间建设最大程度地满足您的需求，在此向您提出一些相关问题，作为研究依据。请您根据实际情况作答。该问卷仅作为学术研究用途，并承诺对您的个人信息保密，十分感谢您的配合。

基 本 信 息

1. 您孩子的性别？

a. 男	b. 女

2. 您孩子的年龄？

活动时间与地点的相关问题

1. 您孩子平日户外活动集中在什么时段？(可多选，在下方划线)

6:00—7:00—8:00—9:00—10:00—11:00—12:00—13:00—14:00—15:00—16:00—17:00—18:00—19:00—20:00—21:00—22:00—23:00—24:00

2. 您孩子日常户外活动的次数是？(单选)

a. 每日多次	b. 每日一次	c. 每周 1～3 次	d. 每周一次
e. 每月一次	f. 多月一次	g. 不外出活动	

3. 您孩子去往日常户外活动场所能够忍受的最远步行距离是多少？(单选)

a. 5 分钟以内	b. 5～15 分钟	c. 15～30 分钟	d. 30 分钟以上

4. 您孩子平日最常去的户外场所是哪里？(排序)

a. 社区/小区活动区	b. 城市广场/公园	c. 商业街/街市	d. 邻里街道	e. 市政道路

活动内容与场地需求的相关问题

1. 您孩子平日外出更愿意花时间投入哪些活动？(排序)

a. 购物	b. 工作	c. 运动康体	d. 休闲娱乐	e. 社会交往	f. 学习认知

2. 在户外活动时，您认为您孩子更注重活动场地的哪些方面？(排序)

a. 能提供安全的活动场所	b. 有优美的景色	c. 有符合自身爱好的器械或场地
d. 有一定的教育意义	e. 有熟悉的人群	f. 方便到达的活动场所

活动时的人际环境需求相关问题

1. 您孩子平日更多与谁一同外出？(多选)

a. 独自外出	b. 父母	c. 朋友	d. 爷爷、奶奶
e. 同学	f. 其他人		

2. 在同一场所中，您觉得哪个年龄人群的活动更容易给您孩子的活动体验带来负面影响？(多选)

a. 幼儿 0~3 岁	b. 儿童 3~6 岁	c. 少年 7~17 岁
d. 青年 18~40 岁	e. 中年 41~65 岁	f. 老年 66 岁以上

十分感谢您的配合！

附录-3　环境设施要素打分表

在户外活动时，您认为以下要素的重要程度是怎样的？					
休息座椅	非常重要	重要	一般重要	不重要	非常不重要
路灯	非常重要	重要	一般重要	不重要	非常不重要
指路牌	非常重要	重要	一般重要	不重要	非常不重要
指示牌、解说牌	非常重要	重要	一般重要	不重要	非常不重要
围墙、围栏	非常重要	重要	一般重要	不重要	非常不重要
垃圾箱	非常重要	重要	一般重要	不重要	非常不重要
饮水池、洗手池	非常重要	重要	一般重要	不重要	非常不重要
坡道	非常重要	重要	一般重要	不重要	非常不重要
扶手	非常重要	重要	一般重要	不重要	非常不重要
休息廊架、亭子	非常重要	重要	一般重要	不重要	非常不重要
雕塑、景墙	非常重要	重要	一般重要	不重要	非常不重要
篮球场	非常重要	重要	一般重要	不重要	非常不重要
羽毛球场	非常重要	重要	一般重要	不重要	非常不重要
足球场	非常重要	重要	一般重要	不重要	非常不重要
乒乓球场	非常重要	重要	一般重要	不重要	非常不重要
棋牌桌椅	非常重要	重要	一般重要	不重要	非常不重要
门球场	非常重要	重要	一般重要	不重要	非常不重要
儿童游乐场	非常重要	重要	一般重要	不重要	非常不重要
慢跑道	非常重要	重要	一般重要	不重要	非常不重要
开敞空地	非常重要	重要	一般重要	不重要	非常不重要
健身器材	非常重要	重要	一般重要	不重要	非常不重要
遮阴植物	非常重要	重要	一般重要	不重要	非常不重要
观赏植物	非常重要	重要	一般重要	不重要	非常不重要
活动草坪	非常重要	重要	一般重要	不重要	非常不重要
喷泉、瀑布	非常重要	重要	一般重要	不重要	非常不重要
湖泊、河流	非常重要	重要	一般重要	不重要	非常不重要
厕所	非常重要	重要	一般重要	不重要	非常不重要
人行道	非常重要	重要	一般重要	不重要	非常不重要
其他					

附录-4 访谈问卷

问题 1：生活方式与户外活动规律关系的相关询问。

问题 2：身体机能与活动环境偏好、活动内容关系的相关询问。

问题 3：个人兴趣与活动内容、环境偏好、出行意愿关系的相关询问。

问题 4：出行结伴现状与结伴意愿的相关询问。

问题 5：同一场所中，他人带来负面影响的主要原因相关询问。

问题 6：对于分配场地空间资源方法的相关询问。

问题 7：对城市公共空间现状优化建议的相关询问。

附录-5　调查区域基本概况

　　区域 A：铁路局家属区及周边 300 米范围内相关城市公共空间场所(如附图 1 所示)。区域 A 位于西安市碑林区，南二环东段北侧、太乙路东侧，铁安一街南北向穿过调研区域。区域范围内所选观察场所共 6 处。其中，a-1 为体育馆入口广场，以绿化和硬质铺装为主，无器材和专属运动场地；a-2 为综合休闲广场，观察范围内除了常规活动开敞空地外还设有休息座椅、康体器材和乒乓球场；a-3 街市，以通行道路空间为主，两侧为鱼肉、瓜果、蔬菜摊铺；a-4 为家属区内部活动场地，以开敞空地为主并设有零星康体器材；a-5 为铁安一街西侧人行道空间，街面以各类零售商铺为主；a-6 为休闲广场，以开敞硬质广场为主并设有一处儿童游乐设施，具体如附图 2 所示。

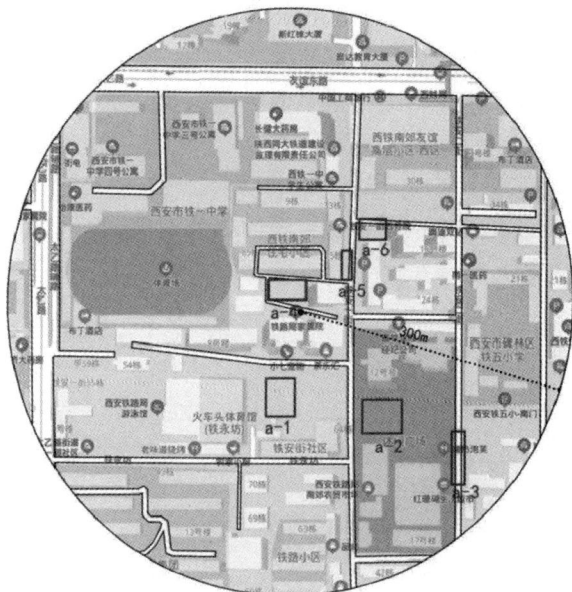

附图 1　A 调研区域六处观察场所(a-1～a-6)具体位置

附图2　a-1～a-6调研场所现状照片

　　区域 B：迎春小区西区及周边 300 米范围内相关城市公共空间场所(如附图 3 所示)。区域 B 位于西安明城墙内西南角，顺城南路西段北侧，南马道巷以东，无极公园位于区域范围内，迎春小区西区西南侧。区域范围内所选观察场所共 6 处。其中，b-1 为无极公园内部篮球场；b-2 为公园内部开敞空地，且周围环绕石质休息座椅；b-3 以乒乓球场地为主，场所边界处设有康体运动器材；b-4 为迎春巷道路人行道空间，街面以围墙和各住宅区出入口为主；b-5 为西梆子市街人行道空间，街面由零售药店、打印店和其余各类零售店组成，人行道上存在停放的机动车；b-6 是社区附近的主要食品摊铺街市，通行道路两侧为蔬菜、鱼肉、瓜果等零售摊位，具体如附图 4 所示。

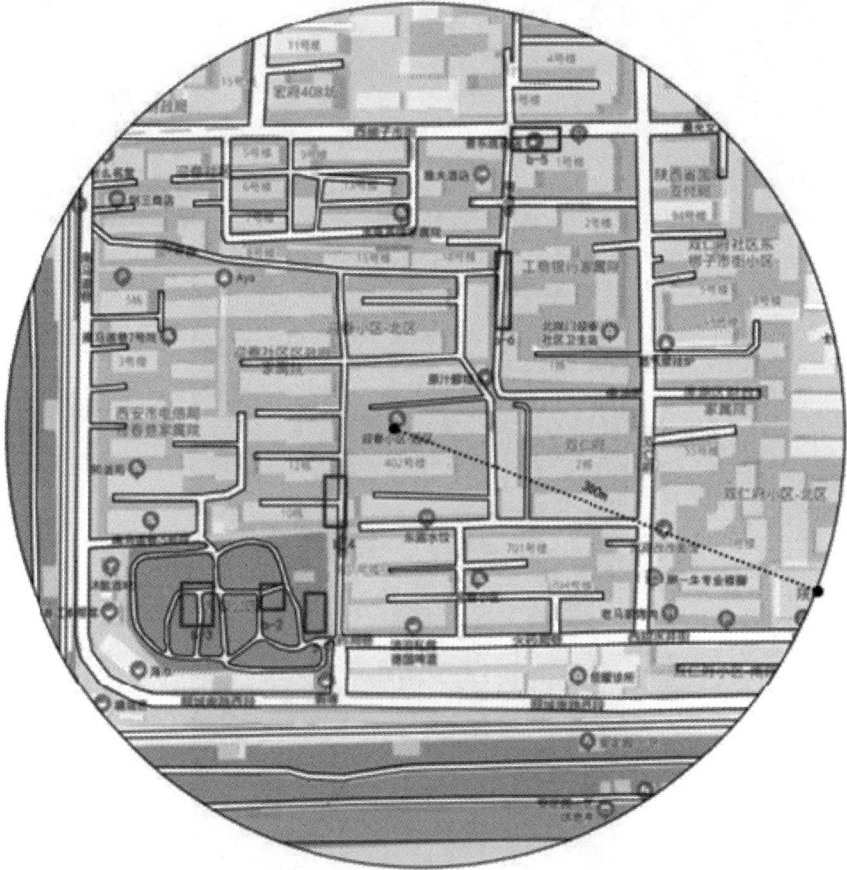

附图 3　B 调研区域六处观察场所(b-1～b-6)具体位置

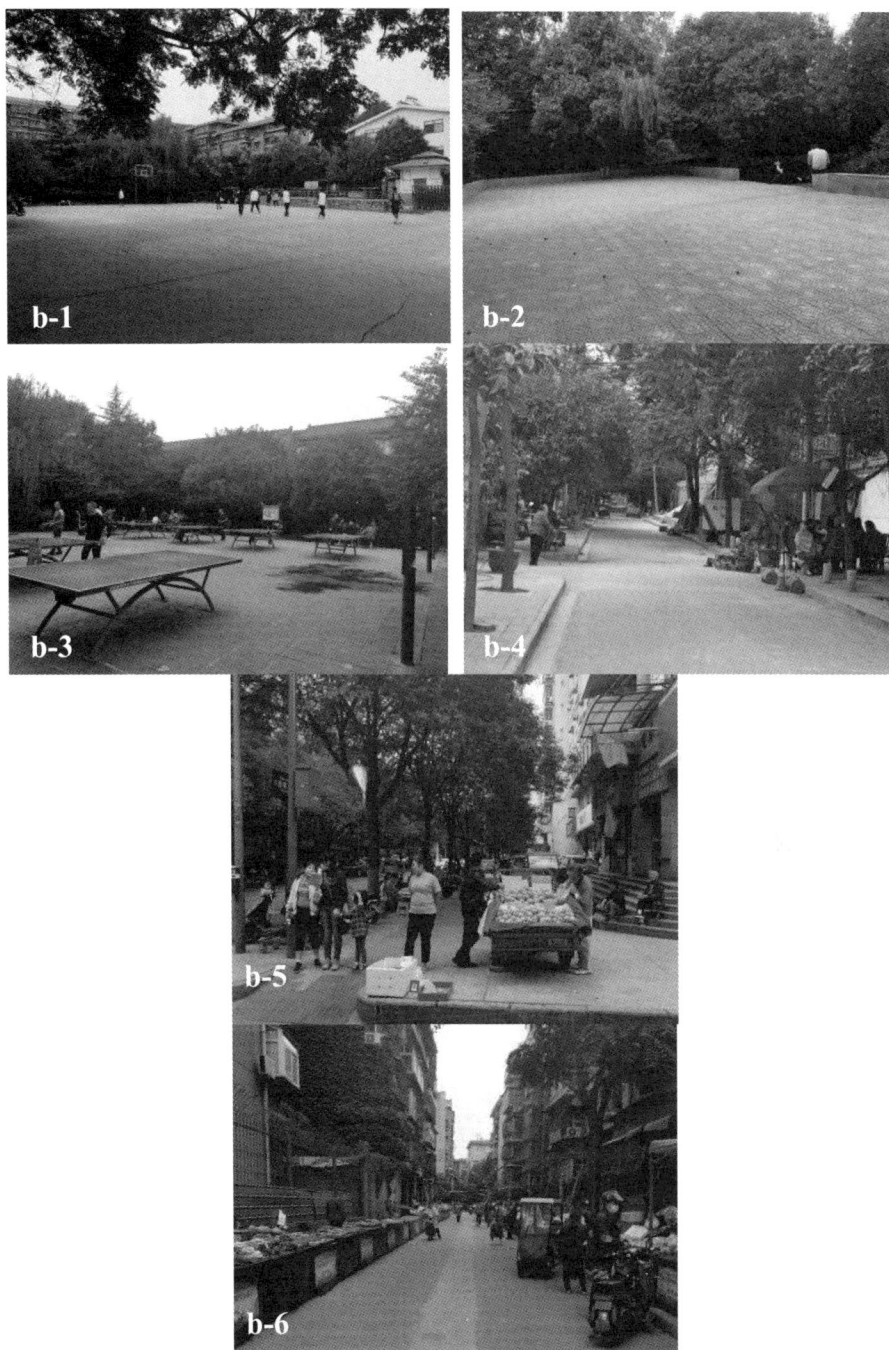

附图4 b-1～b-6 调研场所现状照片

区域 C：陕建机社区 1 区及周边 300 米范围内相关城市公共空间场所(如附图 5 所示)。区域 C 位于西安金花北路与长缨东路十字东南侧。区域范围内所选观察场所共 5 处；其中 c-1 为商场入口前广场，临近地铁口，主要为开敞硬质空地；c-2 为长缨东路南侧人行道空间，两侧以行道树和绿化带为主；c-3 为樱花路南侧人行道空间，街面以小区出入口和围墙为主，附近有中小学校门；c-4 为小区内部活动场地，紧邻社区服务站，以开敞硬质空地为主，周围摆放有休息座椅；c-5 为小区内部道路，范围内设有休息座椅和报刊栏，具体如附图 6 所示。

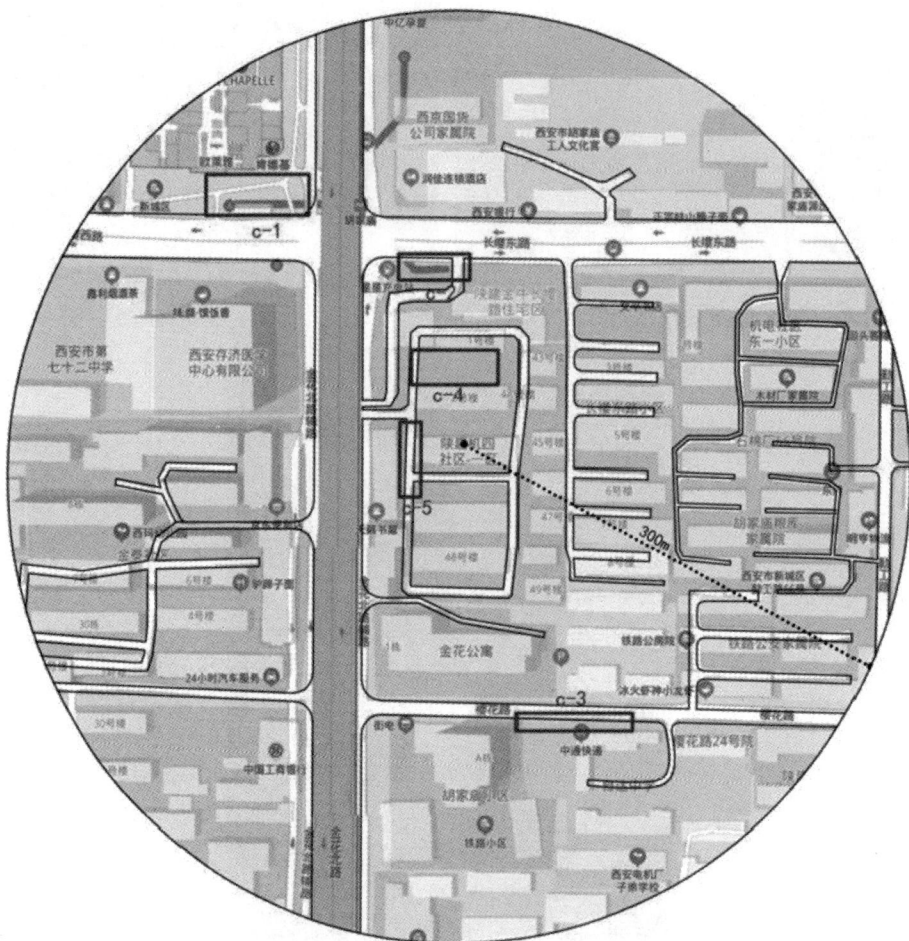

附图 5　C 调研区域六处观察场所(c-1～c-5)具体位置

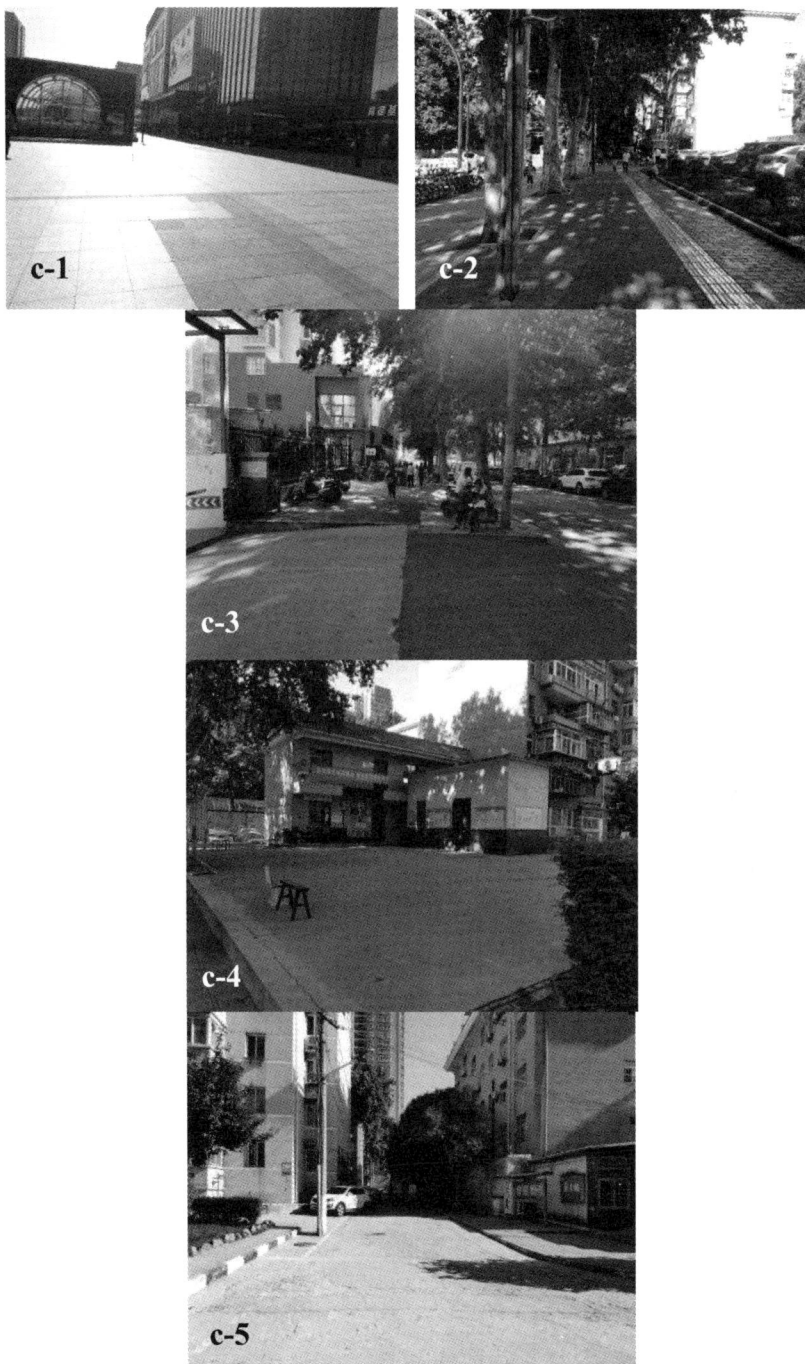

附图6 c-1～c-5调研场所现状照片

　　区域 D：青年路第二社区及周边 300 米范围内相关城市公共空间场所(如附图 7 所示)。区域 D 位于西安莲湖路中段，莲湖公园位于调研区域范围内。区域范围内所选观察场所共 6 处。其中，d-1 为莲湖公园入口广场，以硬质空地为主，边界环绕绿化与石质座椅；d-2 为公园内部活动场地，场地内以康体器材和棋牌桌椅为主；d-3 为公园内部儿童游乐场，地面以橡胶铺装为主，设有起伏地形与儿童游乐设施；d-4 为公园内部休闲道路，道路铺装以石材为主，两侧乔木可以提供大面积树荫，且道路旁设有石质休息座椅；d-5 为小区内部道路，以水泥铺装为主，是小区居民临时交往的重要场所；d-6 为立新街人行道空间，街面多以小区出入口和零售商铺为主，具体如附图 8 所示。

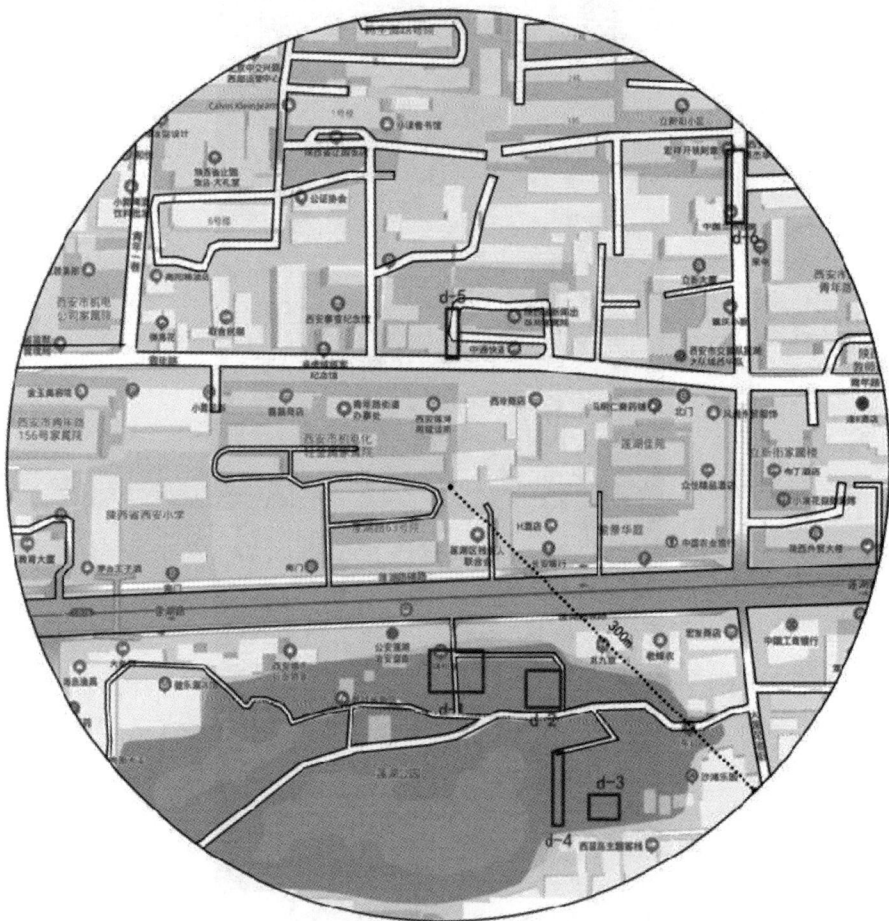

附图 7　D 调研区域六处观察场所(d-1～d-6)具体位置

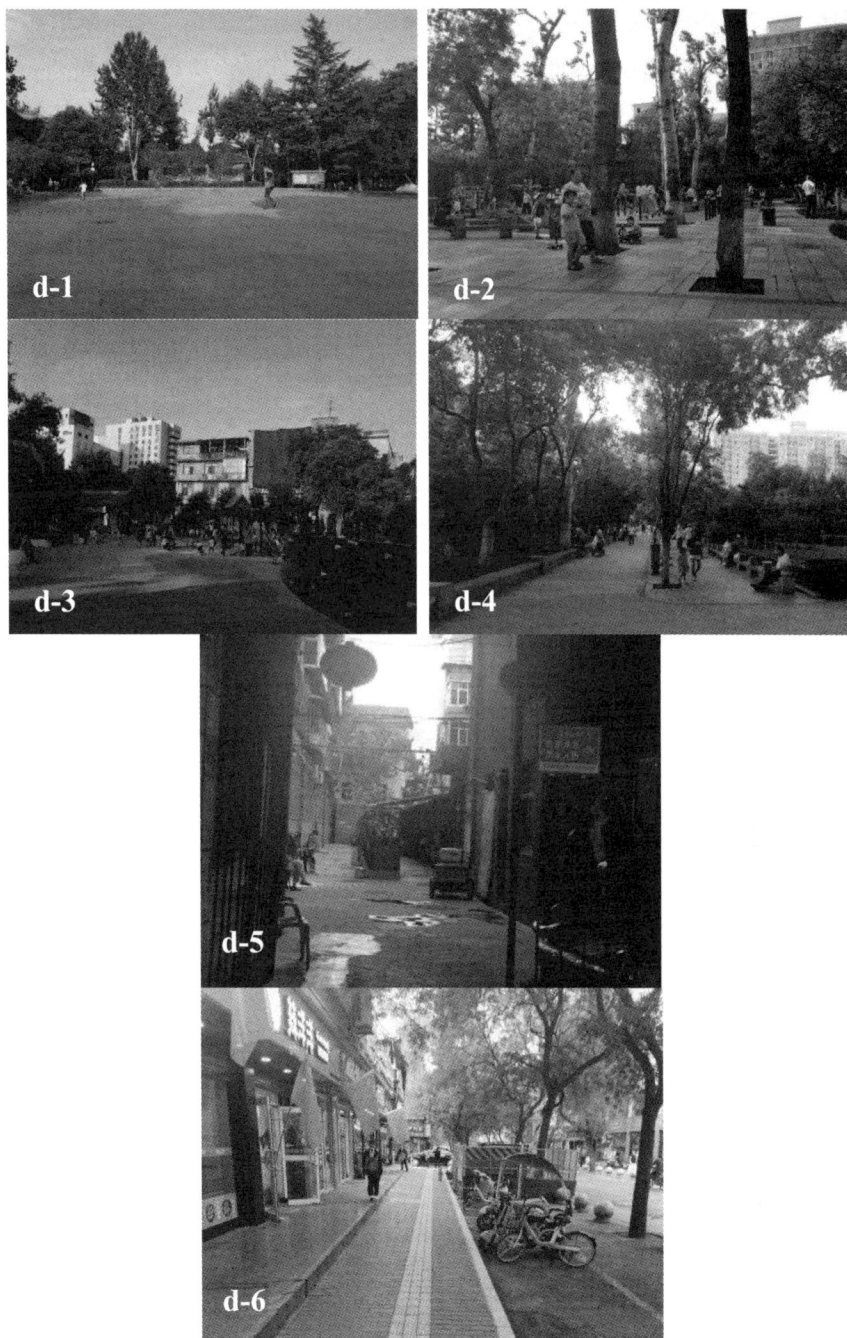

附图 8　d-1～d-6 调研场所现状照片

　　区域 E：西安碑林博物馆家属院及周边 300 米范围内相关城市公共空间场所(如附图 9 所示)。区域 E 位于西安朱雀大街北段西侧，大学东路南侧。区域范围内所选观察场所共 6 处。其中，e-1 为环城公园入口广场，设有休息树池座椅，以开敞硬质空地为主；e-2 为环城公园内部休闲广场，以绿化为主，并设有小块空地和休息座椅；e-3 为小区内部活动场地，设有多处棋牌座椅和一处乒乓球场，周围环绕绿化种植；e-4 为大学东路人行道空间，两侧多为住宅区出入口，并设有便利店和小型超市；e-5 红缨路人行道空间，街面以建筑墙体为主，并设有大量停车位，临车行道处种植着行道树，能够提供树荫；e-6 为朱雀北大街人行道空间，观察范围内存在一处公交车站，临车行道边界种植有行道树，街面多以银行、零售商铺和餐馆为主，具体如附图 10 所示。

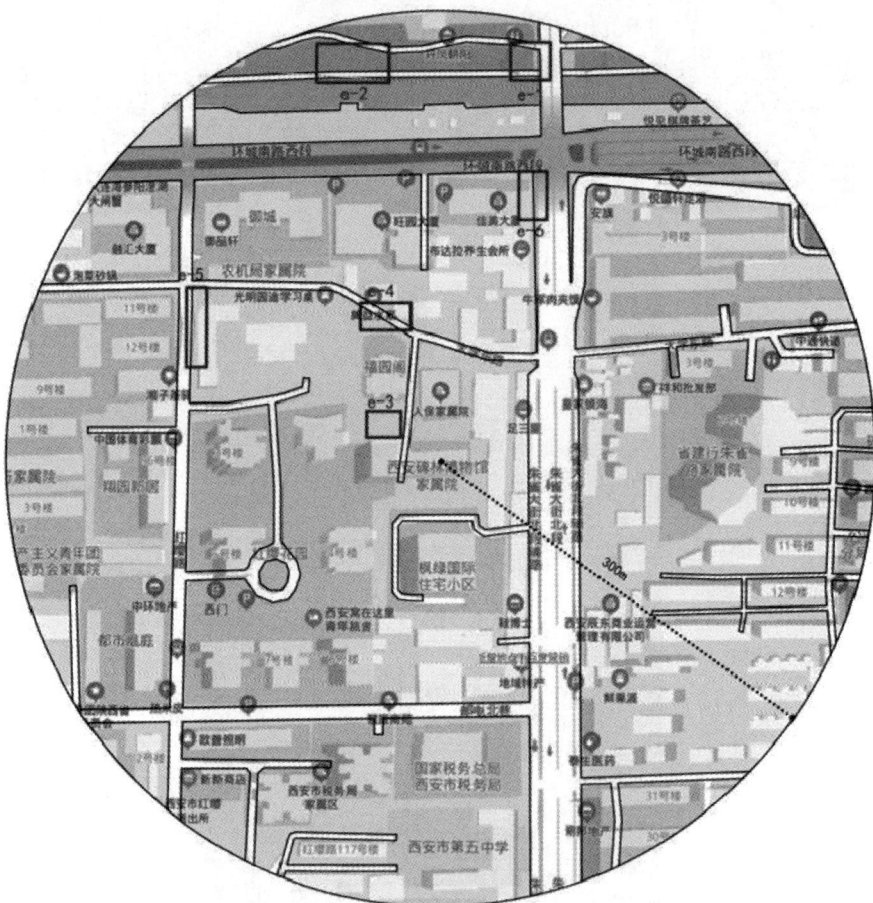

附图 9　E 调研区域六处观察场所(e-1～e-6)具体位置

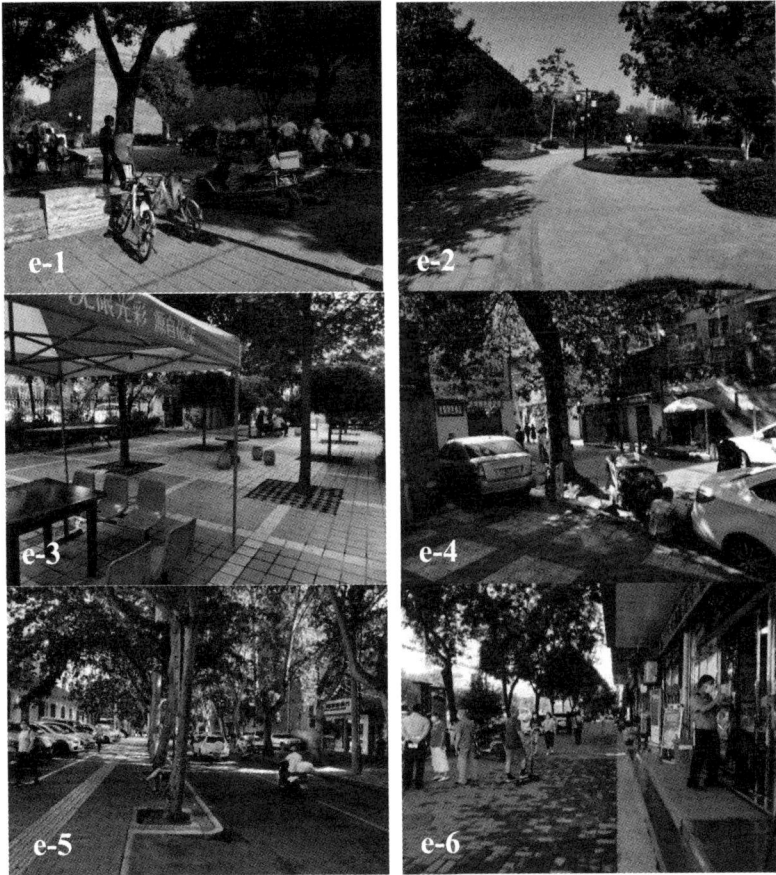

附图 10　e-1～e-6 调研场所现状照片

附录-6　各年龄群体活动时段分布数据(周内)

区域 A 各年龄群体周内活动时段人数统计(日平均值)								
	7:00	8:00	9:00	10:00	11:00	12:00	13:00	14:00	15:00
老年	26.8	49	121	73.8	75.2	38.4	7.4	10.4	35.2
中年	16.2	45	59.4	55.8	43.4	35	14.2	13	19.2
青年	20.6	19	26.2	15.8	13.2	31	17.2	22.2	14.2
少年	12.6	4.4	2.6	1.8	1	10.6	3.8	1.2	0.8
儿童	8.8	3.4	1.2	3.2	0.6	6	1.8	1	1.8
幼儿	0.6	0.6	11.8	21.8	17.2	5.8	2.2	2	3.4
	16:00	17:00	18:00	19:00	20:00	21:00	22:00	23:00	24:00
老年	54.4	43.6	51.2	34	49.6	33	13.6	3	1.2
中年	28.4	30.8	35.6	39.6	127.6	75	24.6	18	5.4
青年	24.2	15.6	37	29.6	44.4	32.8	21.2	12.2	6
少年	13.6	6.6	10.2	13.6	12.2	11.6	5.2	3.6	0.6
儿童	9	4	10.8	12.4	8.8	9.2	1.4	0	0
幼儿	6.4	6.6	7.2	10	13.6	5.6	1.8	0	0
区域 B 各年龄群体周内活动时段人数统计(日平均值)								
	7:00	8:00	9:00	10:00	11:00	12:00	13:00	14:00	15:00
老年	21.4	37.2	54	46	28	16.4	14.4	16.6	33.2
中年	31.6	52.8	64.8	43.4	35.4	25	10.2	10.2	38.2
青年	15	19	18	17.4	16.6	12.6	13.4	11.4	17.8
少年	6.4	2.8	0.6	0.2	0	8.8	9	8.6	0.4
儿童	1.2	0.2	0.2	0	0	0.8	0.4	0.8	0
幼儿	0	1	2.2	2.6	2.8	0.4	0.2	0.6	1

续表一

区域 B 各年龄群体周内活动时段人数统计(日平均值)								
	16:00	17:00	18:00	19:00	20:00	21:00	22:00	23:00	24:00
老年	39.4	44.8	28.2	16.8	14.2	6.4	1.6	0.4	0
中年	35	35	39.4	28.4	28.8	14.6	5.6	2	3.6
青年	18.6	25	29	19.4	12.2	8.8	7	5.2	5
少年	0	1.2	4.2	4.4	3.6	0.6	0.4	0.4	0.2
儿童	0.2	6.2	6	3.6	2.4	0.8	0	0	0
幼儿	0.8	1	0.6	0.2	0.2	0	0	0	0

区域 C 各年龄群体周内活动时段人数统计(日平均值)								
	7:00	8:00	9:00	10:00	11:00	12:00	13:00	14:00	15:00
老年	12.8	23.2	34.4	14.8	17	6.6	2.4	5.4	20.8
中年	17.6	17.6	21.4	12.6	18.6	11.4	10.4	10.4	17
青年	13.4	21.4	23.4	28.8	28	19.4	13.2	22.2	27.6
少年	1.4	8	1.6	0.2	0	8.2	2.6	3.6	0
儿童	0	2.4	0	1.2	0.6	0.2	0.6	0.8	0.4
幼儿	0	0	0.2	1.2	3.2	0.2	0	0.8	2.2

	16:00	17:00	18:00	19:00	20:00	21:00	22:00	23:00	24:00
老年	18.8	17.2	15.8	4.8	3.4	3.8	1.6	0.8	0
中年	17.6	17.6	18.4	14	16.4	9	11.6	9.4	4.2
青年	22	26.8	21.6	33.4	30.6	29.2	25.6	14.8	8.2
少年	0.6	1.8	7.8	2.2	3.8	7.6	3	0.8	0.2
儿童	0	0.8	0	8.8	6.2	1	0.4	0.4	0
幼儿	1	2.2	3.2	3.8	1	1.4	0.4	0	0

区域 D 各年龄群体周内活动时段人数统计(日平均值)								
	7:00	8:00	9:00	10:00	11:00	12:00	13:00	14:00	15:00
老年	17.2	36	81.4	83.8	64.2	26	8	16.8	46.8
中年	19	33.4	60	64.8	53.2	46.4	19.8	14.8	34.8
青年	7	11.4	15.8	21.2	28.4	19	13.4	11.8	16.8
少年	0	0	0	0.4	0.2	2.2	0.4	0.4	0.2
儿童	0.6	0.4	0	5.2	2.6	5	1.8	0.6	2.8
幼儿	0	2.8	9	13.6	19	7.6	2.4	2	7.2

区域 D 各年龄群体周内活动时段人数统计(日平均值)								
	16:00	17:00	18:00	19:00	20:00	21:00	22:00	23:00	24:00
老年	70	81.6	68.4	49.4	29.2	13.6	5	0.6	0
中年	42.8	49.6	36.2	41	67.4	28.6	19.8	16	5
青年	35.6	47.8	52.4	60.2	42.2	31.2	23.6	11.8	10
少年	0.4	0.4	8.4	3.6	26.8	17.8	10.6	0.6	0
儿童	5.8	20.2	15	23.6	14.6	5.4	1.6	0	0
幼儿	12.6	13.6	31.2	28.2	10.6	0.6	0	0	0
区域 E 各年龄群体周内活动时段人数统计(日平均值)								
	7:00	8:00	9:00	10:00	11:00	12:00	13:00	14:00	15:00
老年	18.4	25.2	22.2	18.8	21.2	7.6	3	7.4	24.6
中年	17.4	20.8	26	28.2	22.8	21	11.2	15.8	27.2
青年	11.4	13.4	9.8	16.2	12.6	12.6	16	8.2	19.6
少年	4.6	2.4	0	0.2	0	0.4	2.8	6.8	0.6
儿童	0	0	1.4	2	4	0.4	0	0	0
幼儿	0	2	1	4	6	0.8	0	0.6	1.2
	16:00	17:00	18:00	19:00	20:00	21:00	22:00	23:00	24:00
老年	32.4	38	16.6	20.6	23.6	18	15	4	0
中年	37.4	27.5	24	50.6	61.4	37.8	35.8	28.6	8
青年	15.4	19.6	23.6	33	23.4	14.4	30.2	9.8	6.4
少年	0	1.8	6.2	6	6.4	0.6	3	0	0
儿童	4	2.8	2.8	3.8	3.2	4.2	2.8	0	0
幼儿	6.4	4.4	2.4	5	2.8	0.4	0.4	0	0

附录-7　各年龄群体活动时段分布数据(周末)

区域 A 各年龄群体周末活动时段人数统计(日平均值)								
	7:00	8:00	9:00	10:00	11:00	12:00	13:00	14:00	15:00
老年	30.5	57.5	121	74	38.5	15.5	2	6.5	26.5
中年	20.5	43.5	45.5	31	23.5	17.5	4	15	26
青年	14.5	18.5	30.5	24	29.5	23	12.5	13.5	16
少年	14	8	9.5	5.5	7.5	16.5	7	6.5	4
儿童	7	9	12.5	8.5	2.5	7	3.5	1.5	12.5
幼儿	0	1.5	9	13.5	13	4	0	1.5	4.5
	16:00	17:00	18:00	19:00	20:00	21:00	22:00	23:00	24:00
老年	59	38	48	37	25.5	26	6	2	0
中年	32	27	42.5	50.5	110	67.5	29	11	4
青年	28	22	50	71.5	35	38	21.5	16.5	5.5
少年	14	10	26.5	40	19	22	8	5.5	0
儿童	16.5	17.5	20.5	28.5	31	22.5	10.5	1	0
幼儿	7.5	9	12.5	14.5	6.5	4.5	1	0	0
区域 B 各年龄群体周末活动时段人数统计(日平均值)								
	7:00	8:00	9:00	10:00	11:00	12:00	13:00	14:00	15:00
老年	31	38.5	54.5	55	33.5	17.5	7.5	15	39
中年	35	55.5	59	49	34.5	24	11	16	33
青年	12.5	20	21.5	16.5	14.5	11.5	7.5	6.5	18
少年	1	0	0	1.5	3	1.5	0.5	4.5	5.5
儿童	0	0	1	3.5	7	3	0	1	5
幼儿	0	1.5	4	3	3.5	0	0	0.5	1.5

续表一

区域 B 各年龄群体周末活动时段人数统计(日平均值)								
	16:00	17:00	18:00	19:00	20:00	21:00	22:00	23:00	24:00
老年	43.5	48.5	26	20.5	9.5	7.5	0.5	0	0
中年	38	30.5	31.5	26.5	25.5	11.5	7	3.5	1.5
青年	18	20	18.5	17	12.5	5.5	4	3.5	3
少年	4	6.5	7.5	3	2	1.5	0.5	1	0
儿童	4.5	9.5	9	5	1.5	0	0.5	0	0
幼儿	1.5	2	1	2	0	0	0	0	0
区域 C 各年龄群体周末活动时段人数统计(日平均值)								
	7:00	8:00	9:00	10:00	11:00	12:00	13:00	14:00	15:00
老年	15.5	20.5	33.5	24	14.5	5.5	4	5.5	23
中年	16	19.5	24	16.5	17.5	10.5	5.5	10	23.5
青年	6.5	15.4	18	22.5	21	20.5	15.5	16.5	22.5
少年	1.5	1	1.5	7	3.5	5	2	5.5	5
儿童	0.5	3	0.5	4.5	1.5	1	2	2.5	4
幼儿	0	0	0.5	2.5	2.5	0	0	1.5	5.5
	16:00	17:00	18:00	19:00	20:00	21:00	22:00	23:00	24:00
老年	19.5	18.5	14.5	4	3	2	2	0	0
中年	17.5	20	15.5	18	20	11.5	7.5	6	2.5
青年	17	23	18	30.5	34	32	24.5	17	7.5
少年	2	5	4	4.5	6.5	4	5	0	0
儿童	3.5	8	2	13.5	13	5.5	3	0.5	0
幼儿	2	2.5	2	4	4.5	1.5	0	0	0
区域 D 各年龄群体周末活动时段人数统计(日平均值)								
	7:00	8:00	9:00	10:00	11:00	12:00	13:00	14:00	15:00
老年	23.5	44.5	80	86.5	39	22.5	6.5	18.5	53.5
中年	27.5	39.5	64	56.5	42.5	39.5	20.5	22	39.5
青年	8	17	21.5	32	34.5	12.5	14.5	14	21.5
少年	0	0	0	4	8	3.5	0.5	0	3.5
儿童	0.5	1.5	6.5	18	16	4	1.5	1	11
幼儿	0	0.5	13.5	16	14.5	7.5	2.5	1.5	6.5

续表二

	16:00	17:00	18:00	19:00	20:00	21:00	22:00	23:00	24:00
老年	75	86.5	62	49	34.5	14.5	10	2	0
中年	52	47	40.5	42	61.5	39	21	18	3.5
青年	37.5	43.5	55.5	56	44	33.5	22	11.5	8
少年	4	5	5.5	4	21.5	10	5.5	0.5	0
儿童	19	25	18.5	23	21	4.5	2.5	0	0
幼儿	18	11	31.5	25.5	11	1	0	0	0
区域 E 各年龄群体周末活动时段人数统计(日平均值)									
	7:00	8:00	9:00	10:00	11:00	12:00	13:00	14:00	15:00
老年	20.5	49	40.5	22.5	17.5	6	4.5	7.5	22.5
中年	17.5	49.5	36	33	29.5	20	23.5	14	23
青年	3	10.5	18.5	12.5	14.5	17.5	19.5	12.5	19
少年	1	1	1	2	0	2	1.5	0.5	0.5
儿童	0	0	1.5	2	6	3.5	1	0	0
幼儿	0	0	2.5	3.5	1	1.5	0	1	0
	16:00	17:00	18:00	19:00	20:00	21:00	22:00	23:00	24:00
老年	38	38	17	15.5	29.5	20.5	9.5	2	0
中年	35.5	29.5	19	32	54	43.5	28	17	3
青年	19	23	24	25.5	22.5	15	15	9.5	7.5
少年	0.5	1	1.5	6	1.5	0	0.5	0	0
儿童	2.5	0	1.5	3	1.5	0	0	0	0
幼儿	2	1.5	1	0	0	0	0	0	0

参 考 文 献

[1]　王旭辉. 面向空间公正的城市公园空间布局研究：以西安市为例[D]. 西安：西北大学，2018.

[2]　中国社会科学院老年科学研究中心. 构建和谐社会：关注老龄化影响[M]. 北京：中国社会科学出版社，2007.

[3]　杜鹏，杨慧. 中国和亚洲各国人口老龄化比较[J]. 人口与发展，2009，15(02)：75-80.

[4]　王佃利. 品质城市：理想城市的行动目标[N]. 济南日报，2017-05-15.

[5]　石爱华，范钟铭. 从"增量扩张"转向"存量挖潜"的建设用地规模调控[J]. 城市规划，2011，35(8)：90-92, 98.

[6]　李晓晖，黄海雄，范嗣斌，等. "生态修复、城市修补"的思辨与三亚实践[J]. 规划师，2017，33(3)：11-18.

[7]　THWAITES K, MATHERS A, SIMKINS I.Socially Restorative Urbanism [M]. London: Routledge, 2013.

[8]　库少雄. 人类行为与社会环境[M]. 2 版. 武汉：华中科技大学出版社，2014.

[9]　李德明，陈天勇，吴振云，等. 城市老年人的生活和心理状况及其增龄变化[J]. 中国老年学杂志，2006，26(10)：1314-1316.

[10]　董华. 包容性设计：中国档案[M]. 上海：同济大学出版社，2019.

[11]　伯顿，米切尔费腾，付本臣. 包容性的城市设计：生活街道[M]. 北京：中国建筑工业出版社，2009.

[12]　李小云. 包容性设计：面向全龄社区目标的公共空间更新策略[J]. 城市发展研究，2019，26(11)：27-31.

[13]　刘晨澍. 健康增进需求下村落开放空间的包容性设计策略：以上海朱家角镇淀山湖一村为例[J]. 装饰，2016(03)：30-35.

[14]　林墨飞，李苏阳. 既有城市公共空间的包容性更新改造研究[J]. 美术大观，2017(7)：100-101.

[15]　李晓晨，王勇. 包容性发展理念下的苏州新移民集宿区公共空间营造[J]. 规划师，2017，33(9)：22-28.

[16] 吕小辉，李启，何泉. 多维视角下城市公共空间弹性设计方法研究[J]. 城市发展研究，2018，25(5): 64-69.

[17] BS 7000-6. Guide to managing inclusive design[Z]. London: British standards Institution, 2005.

[18] LAWTON, M. P. An ecological theory of aging applied to elderly housing [J]. Jae, 1977, 31(1): 8-10.

[19] Ronbi Xin, Jerry Zheng, Laura Wang. et al. China's urbanization 2.0 new infrastructure opportunities handbook[R]. USA: Morgan Stanley Research, 2020.

[20] CERIN E, NATHAN A, VAN CAUWENBERG J, et al. The neighbourhood physical environment and active travel in older adults: A systematic review and meta-analysis[J].International Journal of Behavioral Nutrition and Physical Activity, 2017, 14(1): 15.

[21] BORST H C, DE VRIES S I, GRAHAM J M A, et al. Influence of environmental street characteristics on walking route choice of elderly people[J]. Journal of Environmental Psychology, 2009, 29(4): 477-484.

[22] DAWSON J, HILLSDON M, BOLLER I, et al. Perceived barriers to walking in the neighborhood environment: A survey of middle-aged and older adults [J]. Journal of Aging and Physical Activity, 2007, 15(3): 318-335.

[23] PELCLOVA J, FROMEL K, GABA A, et al. Perceived neighborhood environment and physical activity in central European older adults[J]. Journal of Science and Medicine in Sport, 2012, 15: S268.

[24] HANIBUCHI T, KAWACHI I, NAKAYA T, et al. Neighborhood built environment and physical activity of Japanese older adults: Results from the Aichi Gerontological Evaluation Study (AGES)[J]. BMC Public Health, 2011, 11(1): 657.

[25] ANNEAR M J, CUSHMAN G, GIDLOW B. Leisure time physical activity differences among older adults from diverse socioeconomic neighborhoods [J]. Health & Place, 2009, 15(2): 482-490.

[26] RODIEK S, SCHWAR B. The role of the outdoors in residential environments for aging[M]. Routledge, 2006.

[27] MICHAEL Y L, GREEN M K, FARQUHAR S A. Neighborhood design and

active aging[J]. Health & Place, 2006, 12(4): 734-740.

[28] KING D. Neighborhood and individual factors in activity in older adults: Results from the neighborhood and senior health study[J]. Journal of Aging and Physical Activity, 2008, 16(2): 144-170.

[29] RIBEIRO A I, MITCHELL R, CARVALHO M S, et al. Physical activity-friendly neighbourhood among older adults from a medium size urban setting in Southern Europe[J]. Preventive Medicine, 2013, 57(5): 664-670.

[30] KEMPERMAN A, TIMMERMANS H. Green spaces in the direct living environment and social contacts of the aging population[J]. Landscape and Urban Planning, 2014, 129: 44-54.

[31] WARD THOMPSON C, CURL A, ASPINALL P, et al. Do changes to the local street environment alter behaviour and quality of life of older adults? The\"DIY Streets\"intervention[J]. British Journal of Sports Medicine, 2014, 48(13): 1059-1065.

[32] KACZYNSKI A T, POTWARKA L R, SMALE B, et al. Association of parkland proximity with neighborhood and park-based physical activity: Variations by gender and age[J]. Leisure Sciences, 2009, 31(2): 174-191.

[33] BORST H C, DE VRIES S I, GRAHAM J M A, et al. Influence of environmental street characteristics on walking route choice of elderly people[J]. Journal of Environmental Psychology, 2009, 29(4): 477-484.

[34] MOWEN A, ORSEGA-SMITH E, PAYNE L, et al. The role of park proximity and social support in shaping park visitation, physical activity, and perceived health among older adults[J]. Journal of Physical Activity & Health, 2007, 4(2): 167-179.

[35] JELLE V C, ESTER C, ANNA T, et al. Is the association between park proximity and recreational physical activity among mid-older aged adults moderated by park quality and neighborhood conditions?[J]. International Journal of Environmental Research and Public Health, 2017, 14(2): E192.

[36] KACZYNSKI A T, KOOHSARI M J, STANIS S A, et al. Association of street connectivity and road traffic speed with park usage and park-based physical activity[J]. American Journal of Health Promotion, 2014, 28(3): 197-203.

[37] ULRICK R S, SIMONS R F, LOSITO B D, et al. Streets recovery during exposure to natural and urban environment[J]. Journal of Environment Psychology, 1991, 11(3): 201-230.

[38] SALLIS J F, MILLSTEIN R A, CARLSON J A. Community design for physical activity[M]. Making Healthy Places. Island Press/Center for Resource Economics, 2011.

[39] KING W C, BELLE S H, BRACH J S, et al. Objective measures of neighborhood environment and physical activity in older women[J]. American Journal of Preventive Medicine, 2005, 28(5): 461-469.

[40] MAAS J, VAN DILLEN S M E, VERHEIJ R A, et al. Social contacts as a possible mechanism behind the relation between green space and health[J]. Health & Place, 2009, 15(2): 586-595.

[41] MAAS J, VERHEIJ R A, SPREEUWENBERG P, et al. Physical activity as a possible mechanism behind the relationship between green space and health: A multilevel analysis[J]. BMC Public Health, 2008, 8(1): 206.

[42] CARSTENS D Y. Site planning and design for the elderly Issues, guidelines, and alternatives[M]. Hoboken, New Jersey: John Wiley & Sons, 1993.

[43] PAYNE L L, MOWEN A J, ORSEGA-SMITH E. An examination of park preferences and behaviors among urban residents: The role of residential location, race, and age[J]. Leisure Sciences, 2002, 24(2): 181-198.

[44] ROSENBERG D E, HUANG D L, SIMONOVICH S D, et al. Outdoor built environment barriers and facilitators to activity among midlife and older adults with mobility disabilities[J]. Gerontologist, 2013, 53(2): 268-279.

[45] SUGIYAMA T, THOMPSON C W, ALVES S. Associations between neighborhood open space attributes and quality of life for older people in britain[J]. Environment & Behavior, 2009, 41(1): 3-21.

[46] BORST H C, MIEDEMA H M E, DE VRIES S I, et al. Relationships between street characteristics and perceived attractiveness for walking reported by elderly people[J]. Journal of Environmental Psychology, 2008, 28(4): 353-361.

[47] YUNG E H K, CONEJOS S, CHAN E H W. Social needs of the elderly and active aging in public open spaces in urban renewal[J]. Cities, 2016, 52:

114-122.

[48] REGNIER V. Behavioral and environmental aspects of outdoor space use in housing for the elderly[D]. Los Angeles: Andrus Gerontology Center, University of Southern California, 1985.

[49] 刘汉辉，张平. 产业结构、人口老龄化对城镇居民消费行为的影响：基于世代叠交模型研究[J]. 北方经济，2012(11)：69-71.

[50] 哈尔滨建筑大学. 老年人建筑设计规范[M]. 北京：中国建筑工业出版社，1999.

[51] 万邦伟. 老年人行为活动特征之研究[J]. 新建筑，1994(4)：23-26.

[52] 周洁，柴彦威，师长兴. 中国老年人空间行为研究进展[J]. 地理科学进展，2013，32(5)：722-732.

[53] 张政，毛保华，刘明君，等. 北京老年人出行行为特征分析[J]. 交通运输系统工程与信息，2007，7(6)：11-20.

[54] 柴彦威. 中国城市老年人的活动空间[M]. 北京：科学出版社，2010.

[55] 李弦. 武汉市老年人室外休闲活动空间环境研究[D]. 武汉：武汉大学，2004.

[56] 王江萍. 老年人居住外环境规划与设计[M]. 北京：中国电力出版社，2009.

[57] 胡仁禄，马光. 老年居住环境设计[M]. 南京：东南大学出版社，1995.

[58] 剑敏. 适宜城市老人的户外环境研究[J]. 建筑学报，1997(9)：11-15.

[59] 李健红，郝飞，白小鹏. 适宜老年人活动的城市公共户外空间特征分析[J]. 华中建筑，2011，9(9)：83-85.

[60] 陆伟，周博，安丽，等. 居住区老年人日常出行行为基本特征研究[J]. 建筑学报，2015，13(S1)：182-185.

[61] 吴岩. 重庆城市社区适老公共空间环境研究[D]. 重庆：重庆大学，2015.

[62] 蔡定涛. 城市老年居住建筑室内外环境设计研究[D]. 长沙：湖南大学，2009.

[63] 汪民，张俊磊. 老龄化社会需求下的城市公园调查分析及其启示[J]. 规划师，2013，29(10)：29-32.

[64] 杜彬洁. 基于老年人活动的城市绿地设计研究[D]. 北京：中国林业科学研究院，2014.

[65] 刘李. 城市公园空间环境中老年人交往行为特征及重要影响因素研究

[D]. 重庆：重庆大学，2018.

[66]　刘凯. 老年人群被动式休闲行为分析与环境设计研究[D]. 无锡：江南大学，2014.

[67]　袁晓梅，谢青，周同月，等. 基于健康管理的地域性适老社区环境设计研究[J]. 建筑学报，2018(S1)：7-12.

[68]　李昕阳. 养老机构外部健康行为空间的循证研究[D]. 天津：天津大学，2016.

[69]　曹龙凤. "健康老龄化"背景下老年公寓景观设计研究：以天津爱馨瑞景园老年公寓设计为例[D]. 天津：河北工业大学，2017.

[70]　邢雅楠. 基于健康老龄化的寒地乡村公共开放空间评价指标体系[D]. 哈尔滨：哈尔滨工业大学，2018.

[71]　刘博新. 面向中国老年人的康复景观循证设计研究[D]. 北京：清华大学，2015.

[72]　张文英，巫盈盈，肖大威. 设计结合医疗：医疗花园和康复景观[J]. 中国园林，2009，25(8)：7-11.

[73]　李伟，寒梅. 基于"积极老龄化"理念下的城市适老空间设计探究[J]. 建筑学报，2024(11)：84-89.

[74]　周向频. "积极老龄化"社会建构与上海公共开放空间营造[C]. 中国风景园林学会 2014 年会论文集(下册)，2014：59-64.

[75]　窦晓璐，约翰·派努斯，冯长春. 城市与积极老龄化：老年友好城市建设的国际经验[J]. 国际城市规划，2015(3)：121-127.

[76]　胡庭浩，沈山，常江. 国外老年友好型城市建设实践：以美国纽约市和加拿大伦敦市为例[J]. 国际城市规划，2016，31(04)：127-130.

[77]　覃国洪. 基于"老年友好"理念的社区室外环境设计研究[D]. 广州：华南理工大学，2016.

[78]　COLEMAN R. The case for inclusive designe an overview[C]. 12th Triennial Congress, International Ergonomics Association and the Human Factors Association of Canada, Toronto, Canada, 1994.

[79]　BAKER P, FRASER J. Sign design guide: A Guide to inclusive signage [M]. London: JMU and teh Sign Design Society, 2002.

[80]　BRAWLEY E C. Designing for Alzheimer's Disease: strategies for creating better care environments[M]. Hoboken, New Jersey: John Wiley & Sons,

1997.

[81]　BRAWLEY E C. Environmental design for Alzheimer's disease: A quality of life issue[J]. Aging&Mental Health, 2001, 5(sup1): 79-83.

[82]　DEVINE M A, LASHUA B. Constructing social acceptance in inclusive leisure contexts: The role of individuals with disabilities[J]. Therapeutic Recreation Journal, 2002, 36(1): 65-83.

[83]　BALL M S. Livable communities for aging populations: Urban design for longevity [M]. Hoboken, New Jersey: John Wiley & Sons, 1997.

[84]　KASSIM R N M, MAT H C, SULAIMAN N, et al. Inclusive outdoor recreation: transformation of the social acceptance and outdoor experience of person with disabilities[C]. Proceedings of the International Colloquium on Sports Science, Exercise, Engineering and Technology 2014 (ICoSSEET 2014). Springer Singapore, 2014.

[85]　RISHBETH C. Ethnic minority groups and the design of public open space: an inclusive landscape?[J]. Landscape Research, 2001, 26(4): 351-366.

[86]　PROUD I. Every playground, every child: inclusive playground design[J]. Exchange, 2014(218): 60-63.

[87]　张文英，冯希亮. 包容性设计对老龄化社会公共空间营建的意义[J]. 中国园林，2012，28(10)：30-35.

[88]　张英，王云才. 发达国家户外开放空间包容性设计经验与启示[C]. 中国风景园林学会 2011 年会论文集(上册)，2011.

[89]　李正阳. 基于老年人行为的城市综合公园休闲活动空间包容性设计研究[D]. 西安：西安建筑科技大学，2018.

[90]　张洪萍，余芝佳，陈华，等. 肇庆市城市公园中的老年人包容性设计研究[J]. 广东园林，2015，37(6)：44-47.

[91]　魏菲宇，戈晓宇，李运远. 老龄化视角下的城市公园包容性设计研究[J]. 建筑与文化，2015(4)：102-104.

[92]　刘蕾，朱喜钢. 城市蔓延语境下的街道空间包容性思考[J]. 现代城市研究，2011，26(7)：59-63.

[93]　胡伟. 生活性街道包容性研究：以重庆市沙正街为例[D]. 重庆：重庆大学，2014.

[94]　刘蕾. 日常生活视角下的城市街道空间包容性研究：以南京长白街为例

[D]. 南京：南京大学，2012.

[95]　穆光宗. 有关人口老龄化若干问题的辨析[J]. 人口学刊，1997(1)：3-8.

[96]　邬沧萍，姜向群. 老年学概论[M]. 北京：中国人民大学出版社，2006.

[97]　NATIONS U. The aging of populations and its economic and social implications[M]. New York: The Dept., 1956.

[98]　洪国栋. 中国的人口老龄化问题与对策思考[J]. 人口研究，1997，21(4)：44-48.

[99]　李道. 环境行为学概论[M]. 北京：清华大学出版社，1999.

[100]　李文. 城市公共空间形态研究[D]. 哈尔滨：东北林业大学，2007.

[101]　王鹏. 城市公共空间的系统化建设[M]. 南京：东南大学出版社，2002.

[102]　ROB K. Urban Space[M]. London: Academy Editions, 1979.

[103]　芦原义信. 外部空间设计[M]. 尹培桐，译. 南京：江苏凤凰文艺出版社，2017.

[104]　MEAD G, H. Mind, self and society[M]. Chicago: the University of Chicago Press, 2015.

[105]　倪天强. 社会学"角色理论"给我们的启示[J]. 上海精神医学，1985(2)：65-69.

[106]　CUMMING E, HENRY W E. Growing old, the process of disengagement [M]. New York: Basic Books, 1961.

[107]　刘生龙，郎晓娟. 退休对中国老年人口身体健康和心理健康的影响[J]. 人口研究，2017，41(5)：74-88.

[108]　HAVIGHURST R J, ALBRECHT R E. Older people[M]. New York: Longmans, Green. 1953.

[109]　张世平. 年龄分层理论与青年研究[J]. 青年研究，1988(3)：6-7.

[110]　戴维·波普诺. 社会学[M]. 李强，等译. 11 版. 北京：中国人民大学出版社，2007：78.

[111]　GELDER K. The subcultures reader[M]. 2nd ed. London: Psychology Press, 2005.

[112]　STOKOLS D. Environmental psychology[J]. Annual Review of Psychology, 1978, 29: 253-295.

[113]　MOORE G T. New directions for environment-behavior research inarchitecture [M]. New York: VanNostrand Reinhold, 1984: 95-112.

[114]　MOORE G T, TUTTLE D P, HOWELL S C. Environmental design research directions: Process and prospects[M]. New York: Praeger Publishers, 1985: 3-40.

[115]　李斌. 环境行为理论和设计方法论[J]. 西部人居环境学刊, 2017, 32(3): 1-6.

[116]　苏彦捷. 环境心理学[M]. 北京: 高等教育出版社, 2016.

[117]　小林雄次, 曹信孚. 建筑决定论、环境决定论、空间决定论: 日本当代三个决定论的比较分析[J]. 国外城市规划, 1990, 5(4): 35-38.

[118]　徐愫. 人类行为与社会环境[M]. 北京: 社会科学文献出版社, 2003.

[119]　扬·盖尔. 交往与空间[M]. 何人可, 译. 北京: 中国建筑工业出版社, 2002.

[120]　EDWARD T H. The hidden dimension[M]. Michigan: Anchor, 1966.

[121]　李斌. 环境行为学的环境行为理论及其拓展[J]. 建筑学报, 2008(2): 30-33.

[122]　MOORE G T. Environment and behavior research in North America: History, developments, and unresolved issues[M]. New York: John Wiley and Sons, 1987: 1359-1410.

[123]　ALTMAN I, ROGOFF B. World views in psychology: Trait, interactional, organismic, and transactional perspec-tives[M]. New York: John Wiley& Sons, 1987: 7-40.

[124]　徐磊青, 杨公侠. 环境心理学: 环境、知觉和行为[M]. 上海: 同济大学出版社, 2002.

[125]　苏彦捷. 环境心理学[M]. 北京: 高等教育出版社, 2016.

[126]　LAWTON M P. An ecological theory of aging applied to elderly housing[J]. Jae, 1977, 31(1): 8-10.

[127]　CARP F M H, CARP A. A complementary/congruence model of well-being or mental health for the community elderly[J]. Human Bchavior & Enviroment: Advances in Theory&Research, 1984, 7: 297-336.

[128]　马斯洛. 马斯洛人本哲学[M]. 唐译, 译. 长春: 吉林出版集团有限责任公司, 2013.

[129]　马斯洛. 动机与人格[M]. 北京: 中国人民大学出版社, 2012.

[130]　NOYMER A, GARENNE M. The 1918 influuenza epidenmic's effects on

sex differentials in mortality in the United States[J]. Population and Development Review, 2000, 26(3): 565-581.

[131] BS 7000-6. Guide to Managing Inclusive Design[Z]. London: British standards Institution, 2005.

[132] FLETCHER H. The principles of inclusive design[R]. London, UK: the Commission for Architecture and te Built Environment, 2006.

[133] The Paciello Group. Inclusive design principles[EB/OL]. [2018-04-03]. http://inclusivedesignprinciples. org.

[134] SHUM A, HOLMES K, WOOLERY K, et al. Microsoft Inclusive Toolkit Manual[Z], 2016.

[135] 冯志峰. 供给侧结构性改革的理论逻辑与实践路径[J]. 经济问题，2016(2)，000(002)：12-17.

[136] 黑格尔. 小逻辑. [M]. 贺麟，译. 2 版. 北京：商务印书馆，1997.

[137] 李文彬，张昀. 人本主义视角下产城融合的内涵与策略[J]. 规划师，2014，30(6)：10-16.

[138] 田童，王琪延，韦佳佳. 北京市居民游憩时间影响因素分析[J]. 调研世界，2019(5)：18-23.

[139] 周会粉. 中国居民时间利用特征及其影响因素分析[D]. 西安：. 陕西师范大学，2011.

[140] 李弦. 武汉市老年人室外休闲活动空间环境研究[D]. 武汉：武汉大学，2004：33.

[141] 丁绍刚. 风景园林概论[M]. 北京：中国建筑工业出版社，2008.

[142] 柴玲，包智明. 当代中国社会的"差序格局"[J]. 云南民族大学学报(哲学社会科学版)，2010，27(2)：46-51.

[143] 费孝通. 乡土中国[M]. 北京：北京出版社，2005.

[144] 秦红岭. 理想主义与人本主义：近现代西方城市规划理论的价值诉求[J]. 现代城市研究，2009，24(11)：36-41.

[145] 李昊. 物象与意义：社会转型期城市公共空间的价值建构(1978—2008)[D]. 西安：西安建筑科技大学.

[146] 阿尔弗雷德松. 世界人权宣言 [M]. 成都：四川人民出版社，1999.

[147] 胡志强. 中国国际人权公约集[M]. 北京：中国对外翻译出版公司，2004.

[148] 扬依. 联合国千年宣言[J]. 老区建设，2009(1)：64.

[149] GULLINO S. Urban regeneration and democratization of information access: citistat experience in baltimore[J]. Journal of Environmental Management, 2009, 90(6)：2012-2019.

[150] HE S J, WU F L. Property-led redevelopment in post-reform china: a case study of xintiandi redevelopment project in shanghai[J]. Journal of Urban Affairs, 2005, 27(1): 1-23.

[151] 胡潇. 空间正义的唯物史观叙事：基于马克思恩格斯的思想[J]. 中国社会科学，2018 (10)：4-23.

[152] 赵杰. 压缩与叠加：1978 年以来中国城市化与"生产政治"演化的独特路径[M]. 上海：复旦大学出版社，2014.

[153] 亨利·勒菲弗. 空间与政治[M]. 李春, 译. 上海：上海人民出版社, 2008.

[154] 徐学林，刘莉. 空间正义之维的新时代城市治理[J]. 重庆社会科学，2021(2)：43-53.

[155] 武小悦，刘琦. 应用统计学[M]. 长沙：国防科技大学出版社，2009.

[156] 张炳江. 层次分析法及其应用案例[M]. 北京：电子工业出版社，2014.

[157] SAATY T L, VARGAS L G. Models, methods, concepts&applications of the analytic hierarchy process [M]. New York: Springer, 2012.

[158] WEBBER W, MOFFAT A, ZOBEL J. A smilarity measure for indefinite rankings[J]. AMC Transaction on Information Systems, 2010, 28(4): 1-38.

[159] 杨邦荣. 人际关系和谐的社会文化机理及其实现[J]. 安徽大学学报(哲学社会科学版)，2008，32(2)：149-152.

[160] 曹现强，王超. 公共性视角下的城市公共空间发展路径探究[J]. 城市发展研究，2013，20(8)：30-33.

[161] 徐宁. 基于效率与公平视角的城市公共空间研究综述[C]. 多元与包容：2012 中国城市规划年会论文集(04. 城市设计)，2012.

[162] LEWINSON A S. Viewing postcolonial Dar es Salaam, Tanzania through civic spaces: A question of class[J]. African Identies, 2007, 5(2)：199-215.

[163] 罗杰·特兰西克. 寻找失落空间：城市设计的理论[M]. 北京：中国建筑工业出版社，2008.

[164] CLARKSON P J, COLEMAN R. History of inclusive design in the UK[J]. Applied Ergonomics, 2015, 46: 248-257.

[165] 桑特洛克. 发展心理学：桑特洛克带你游历一生[M]. 田媛, 吴娜, 等译.

北京：机械工业出版社，2014.

[166]　中华人民共和国住房和城乡建设部. 无障碍设计规范[M]. 北京：中国建筑工业出版社，2012.

[167]　HOLLING C S. Resilience and stability of ecological systems[J]. Annual Review of Ecology and Systematic, 1973(4): 1-23.

[168]　赵晨鹿. 弹性空间设计探究[J]. 艺术与设计(理论)，2010(4)：81-82.

[169]　OMA OFFICE WORK[EB/OL]. http://oma. eu/projects/ville-nouvelle-melun-senart.